职场的51个基本

林 宣 著

江苏凤凰文艺出版社
JIANGSU PHOENIX LITERATURE AND ART PUBLISHING

目 录

职业发展篇

第一章　求职跳槽：找到适合自己的高薪工作

第二章　预防危机：提前布局职业生涯

职场技能篇

第三章 高效工作：向无效加班说不

第四章 沟通谈判：如何让别人听你的

人际关系篇

第五章 向上管理：如何获得上级的信任

第六章　管理团队：不会带人，只会让自己很辛苦

职业发展篇

第一章 求职跳槽：找到适合自己的高薪工作

求职时的一个概念：PMF

商业世界里有一个概念叫作 PMF（Product Market Fit），指产品和市场达到最佳的契合点，你所提供的产品或服务正好满足市场的需求（如图 1-1）。这个概念一经问世，便迅速成为一些高速成长公司经常讨论的话题。

PMF 还涉及一个金字塔模型，金字塔底部是和市场相关的两层要素：目标客户和用户需求；顶部，是和产品相关的三层要素：价值定位、主张和功能以及用户体验。这个金字塔模型，能够帮助使用者梳理产品的基本情况，反复测试、修改、迭代，提高产品和市场的匹配度。

这个过程，一定不是一个闭门造车的过程。不是产品生产者脱离市场，想着做出一个心目中的完美产品就一定能够占据市场份额、令客户满意，而是要不断地在市场的检验中，验证自己产品的价值。

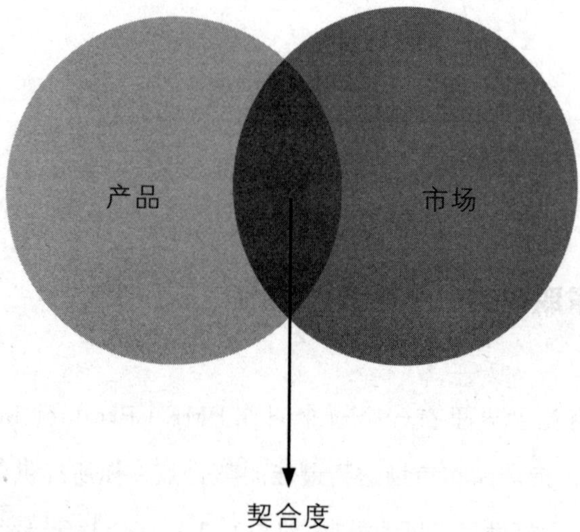

图 1-1 什么是 PMF

在我看来，求职，本质上就是将我们所拥有的能力模型，以及所能提供的经验和服务同市场对人才的需求做匹配的一个过程。如果把一个很优秀的人放在了一个不适合他、不需要他的岗位上，那这个人也无法施展自己的技艺。

怎样判断产品和市场是否匹配呢？从产品角度来说，就是判断 PMF 的一些指标，包括留存、新增日活用户、用户数等等；从求职角度来说，就是判断你的价值是否和对方的需要相符；对于个人来说，一份工作是否合适，关键看个人价值是否能得到体现，比如薪酬、具体的工作、承担的责任、成长空间等；对于公司来说，一个员工是否合格，主要看这个人在岗位上能否按照要求完成工作，甚至超出期待。

知道了这些，对我们求职有什么帮助呢？其实它能够指导我们求职的方方面面，比如制作简历、参加面试。由于这些年做经理人以及职场公众号的缘故，我看过几千份简历，发现不少人的简历只着重写“我有什么”，却不太关注对方可能需要什么。他们通常只介绍自己的工作经验、项目经历以及取得了怎样的成绩，但这些只会让屏幕那头或者对面的面试官忍不住发问：“所以呢？”“然后呢？”“你那么优秀，那又怎样？”“和我有什么联系？”

所以，“我有的”不等于对方需要。简历展示也好，面试准备也好，都需要仔细研读职位说明书，或者和猎头打探清楚，对方需要什么。他们到底想要找一个什么样的人。这个人能做什么。有了这些内容，在简历中突出和强化相关经验，在面试中着重强调：我有的，正是你们恰好需要的。这才是提高简历筛选、面试通过率的关键。

一张图帮你理清求职方向和行动计划

我经常从读者那里收到一些关于跳槽的提问，他们有的想转行，有的不知道该如何准备面试，有的则是因面临不同选择而感到迷茫。

虽然都是跳槽，但背后的原因、动机各不相同，要采取的下一步行动自然也就不同。因此，我会用一系列问题，帮助对方理清思路，缩小行动范围。把庞大的问题，拆解成一个个可以具体实施的行动计划，按部就班地准备，有的放矢，才能极大缓解在跳槽过程中的焦虑，提高跳槽成功率。

我把这一系列问题简化，就得到了下方的这张思维导图（图 1-2）。

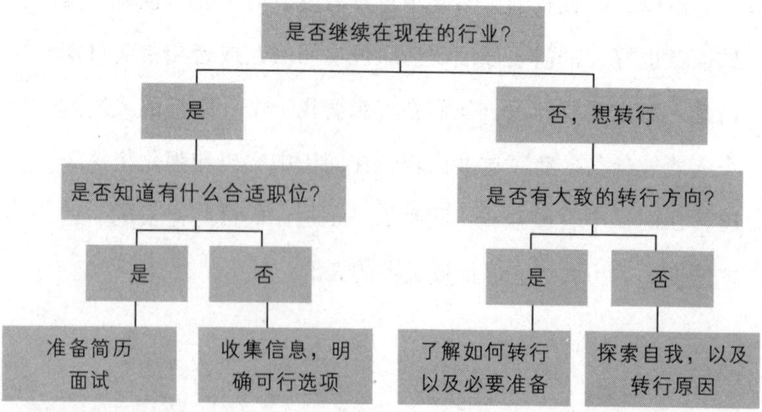

图 1-2　帮你理清求职方向和行动计划的思维导图

我把求职跳槽这个过程主要分为四类：在现有行业，从事本职；在现有行业，从事相近职位；转行，有目标方向；转行，无目标方向。这四类给人带来的迷茫感是依次递增的。下面我们就依次来说一说各自对应的行动计划。

1. 在现有行业，从事本职

这一类是最为清晰的，他们明确知道自己的目标和方向，只需要一些具体可操作的步骤，比如查看简历撰写是否得当，怎样收集信息，怎样准备面试等。

2. 在现有行业，从事相近职位

这一类人的问题常常来自公司岗位职能不直接对等于人才市场需求体系，比如目前在一家公司做项目经理，负责的内容很多也很杂，不知道在市场上有哪些职位可以投递，就很容易导致自己局限在对一两个职位的理解里，限制了可尝试的范围。遇到这种情况，我就会直接告诉对方还可以看哪些公司的哪些方向，帮助其看到更多的可能性，同时也会建议对方在招聘网站上更新自己的简历，结识一些猎头，参考猎头推荐的职位，以此反向了解自己在市场上的定位。

3. 转行，有目标方向

期待转行，且有目标方向的这类人，已经做好了一些心理准备工作，他们更多关注的是目标职位的技能需求，判断自己是否符合要求，差距在哪里，如何制定方案缩小差距，并选择合适的时机、合适的公司跳槽。举个例子，有位读者有两年人力资源的工作经验，不到一年的市场经验以及一些关于咨询的经历。他一直想转行去某知名咨询公司，却迟迟没有得到机会。在这种情况下，其实可以先选择相对稍小一点的平台，或者是接受平薪甚至是略微降薪，给自己一些时间去积累相关经验，从而缩小与理想公司之间的差距。

4. 转行，无目标方向

最后一类，希望转行却又没有目标方向的，需要先清楚自己转行的动机是什么，是否因为当下工作和发展遇到了困难而产生了逃避的倾向，或者对别的行业存在一些不切实际的幻想。这类情况最复杂，需要更多地探索内在，而这可能是个极为漫长的过程，但是这件事又是非常有必要的，不然就很容易因为草率的决定而陷入下一次的职业发展陷阱中。

最后，我希望大家明确一件事情，所谓“想去的”和“可以去的”，是两个不同的概念，前者是理想情况，而后者可能受到能力、环境等多方面因素制约。如果它们之间差距过大，就要重新回顾我们的求职过程，寻找哪个环节出现了问题，自查原因。一般情况下的原因可能会是：

· 缺乏简历、面试技巧——寻求专业人士帮助，相对容易解决。

· 能力或硬件条件欠缺（比如学历）——通过提升能力，弥补制约因素，必要时可能采用类似“曲线救国”的方式，如先选择一个合适的中小平台积累经验，这是个长期解决问题的方案。由于要做的事情比较多，在考虑优先级的时候也可以使用本书“高效工作”章节里提到的“重要性和可解决度”模型，把重心放在重要性高、可解决度高的事情上，做好规划、提升能力。

· PMF 不理想（比如转行）——重新定位（比如上述希望去咨询公司的例子），结合过去经验进入更垂直的领域，或许求职机会会更多一些。遇到比较满意的岗位也可以在一些方面进行适当的调整，如薪水、环境等。

总而言之，求职和跳槽本就不是一件易事，这是一项大工程。如果你面临跳槽，可以参考这张图，根据自己的情况归类，把问题分解为一个个可行的步骤，有计划性地采取行动，从而实现最终的目标。

学会解读职位招聘的关键信息

如何能够了解企业的需求？职位说明书可以透露很多岗位的信息，也方便我们准备面试，向面试官提问我们关心的问题。以互联网产品经理小张的情况举例。小张有着五年的工作经验，想要了解一下人才市场的行情，于是打开 App，便看到系统给她推荐了两个职位：

产品总监 / 高级产品经理　　薪资范畴：2.5 万—4 万

岗位职责：

1. 制定年度产品策略，完成产品立项工作（含为制定策略而做的市场调研，数据分析等工作）及产品预算；

2. 主导新产品项目管理，协调公司各方资源在项目节点内完成新产品上市项目；

3. 新产品设计工作（产品概念、包装、价格制定、渠道利润、销售渠道），参与从设计到产品研发转化、生产工厂确定、从实验室小样到产品成品的转化；

4. 负责对现有产品的优化工作（产品内容、包装、成本、价格等）；

5. 制订主导的产品上市、下市计划，并监控上市后跟踪、推广工作；

6. 对现有产品线定期分析，并对同行业品类的市场、竞品及目标人群进行资料研究、消费者调研，用于产品策略制定；

7. 组织完善、优化部门内及部门外产品管理流程及沟通机制，保证工作持续高效进行。

小张能从中获取哪些信息呢？首先，根据第三、第四条提到有关新产品的概念和包装，明确这并不是互联网产品经理的岗位，因为两者在能力模型的要求上有很大区别。其次，第六条里提到目标人群、消费者调研等这些关键词说明这个职位可能更偏向 To C，也就是面向个人市场而非企业用户，比如一些品牌快消公司。结合职位名称和薪酬，得知这是个中级的职位，很有可能需要带团队，所以也要有一些管理经验。再接着往下看任职要求，大都也印证了前面的猜测，而且由于是中级职位，所以空缺的职位数量不多，但是竞争者却不少。僧多粥少的情况下，如果只有其中部分经验的候选人或者想转行的人应该成功率不高。

于是，小张关掉了这个职位页面，打开了另一个职位推荐。这个看上去匹配度相对较高。

产品经理 **薪资范畴：2 万—4 万**

职责描述：

1. 负责百家号私域流量产品建设，优化流量结构和收入结构；

2. 深入洞察作者需求，负责自运营、商业赋能等产品规划与设计工作，把控项目进度与风险；

3. 监控和分析线上数据效果，持续推动产品迭代。

任职要求：

1. 三年以上互联网产品工作经验，本科及以上学历；

2. 有完整的C端或B端产品项目经验；

3. 较好的跨部门沟通与协调能力，抗压能力强；

4. 有社区、营销、流量等经验者优先。

这个职位的职责描述第二条提到深入洞察作者需求、商业赋能，意味着除了公司的跨部门协作，可能也要和外部的人打交道了解需求，提高产品使用率。具体要视不同公司的情况而定。

认真解读后就非常清楚，同样的职位名称，在不一样的行业、不一样的领域是有着不一样的工作内容的。解读招聘信息时，要学会画关键词，出现的协作对象、工作内容、行业用词代表着不同的工作方向。当把这些关键词画出来后你就会明白，这个岗位处于一个什么样的位置，工作的方向是不是感兴趣的，简历究竟要体现什么，面试官会问什么等，以便能够做出相对精准的预测。因此，简历要着重关注最看好的那几家公司，尽量突出该职位说明书里对方期望你拥有的那些能力。

与此同时，因为已经是中级职位了，职位说明书里的信息可能比较基础，如果是猎头推荐的职位，他们掌握的信息可能更为隐蔽和重要，比如这个职位是否急招？汇报线如何？直接领导工作风格怎么样？上一任为什么离职等，想知道到这些信息就要和猎头详细去聊了。求职中怎样借助猎头的力量，在下文中有详细的阐述，对这一部分感兴趣的读者可以直接阅读后面的文章。

简历撰写如何突出重点

曾经有一位读者向我咨询简历撰写的相关问题，她遇到的问题是，明明看起来硬性条件（如教育背景之类）不错，但得到的一些基础岗位面试机会却不多，即使有了机会也撑不过第一轮，而她本人完全不知道问题出在哪里。

我看到了她的简历，简历里确实存在着一些问题，比如篇幅过长——有将近三页，虽然划分成不同的区域，也有较好的排版设计，但有经验的人一看就知道，这种简历是在求职网站的统一模板上填写完个人情况之后自动生成的。还有一部分内容，是由于求职网站模板使用不当，导致内容分隔不合理，比如硬是把一些可以整合的内容单独放在了项目经历里面——整个简历的时间线看着非常零散凌乱，不够一目了然。如果不耐着性子花上五分钟是无法缕清其思路的。但是从 HR 的角度来说，一份简历初步筛选时间可能只有半分钟到一分钟，一眼扫过去觉得简历整体比较专业、内容扎实、排版简单清晰，才愿意多花一点时间细看，所以像这位读者的这种简历，得到的面试机会少也就不足为奇了。

当然，这些都是基础问题，这份简历在内容上存在着的一个重大问题，也经常被不少求职者所忽略，那就是——简历的内在逻辑梳理。那么什么是内在逻辑梳理呢？我把它理解为工作经历和投递职位要匹配，自己的经历和思路变化要符合实际情况，面试的时候能够说清楚自己的想法变化，这类动机类的问题看上去简单，但具有很高的筛选率，回答不好容易错失机会。

举一个例子：有一位读者，本科毕业就在做 HR 相关工作，后来出国读研深造，但是和人力资源方向关系不大，研究生毕业之后又在一个不同行业里实习，简历篇幅也很多，现在求职又开始申请 HR 职位。作为面试官，有点顾虑的就是候选人是否想清楚了自己要做什么，谁都不愿意招一个只是在进行职业方向探索和尝试的人，所以简历中最好适当删减一部分不相关的经历，同时在简历里的备注或者发邮件时附加的求职信里，说明自己对现在申请方向的原因并且表现出对于该选择的笃定，在面试中也可以主动谈起自己想法转变的经历。比如当时不是很确定以后要继续从事这方面的工作，所以做了一些探索，包括读了不同方向的研究生和在不同行业里实习，最后还是觉得想要坚持最初的选择。事先做好内在逻辑的梳理，别让面试官觉得你的每一个选择都有很强的随机性和偶然性，只是恰好当时碰到了一个机会就去了。简历的内在逻辑梳理，其实也是一个思考自己职业生涯的契机，让自己复盘总结每一段经历的起始原因、收获，获得下一步的方向。

除了简历内在逻辑梳理，还有一些其他的要点。在第一本书中，我所罗列的简历撰写基本注意事项比较偏重基础入职和校园招聘。现在，我将结合近几年面试和辅导的经历，分享一份更为全面的要点和注意事项。

1. 每个人至少准备三版简历

第一版：平时完成的一些工作项目要记得定期更新，以留备用。按照时间顺序，罗列出所有工作经历和项目经历的细节。第二版：求职时，根据目标职位说明书，对简历相关的内容进行筛选和保留。第三版：调整顺序、篇幅、细节、版面，确保重点内容突出。其中，第一版可以按照 STARE 原则写一遍，即场景（Situation）、目标（Target）、行动（Action）、结果（Result）、经历（Experience），简而言之，就是在讲述自己的故事或经历的时候，说明自己在什么样的情形下，制定了什么样的目标，做了哪些事情，达到了怎样的效果，最后附上自己的反思和总结。写完之后，那些篇幅多的、和岗位说明书相关的，就是你的重点内容。工作之后，简历中最好不要再提及实习经历，因为可能会拉低职场成熟度。不过，如果实习部分确实有亮点，或者只有这一段经历与面试行业相关，也可以适当放一些，但篇幅占比一定要少，不要喧宾夺主。

2. 第三版简历调整的“两多两少”原则

我自己总结了简历删减的“两多两少”原则：

两多是：①和投递职位相关的项目篇幅多（辅以细节、数字、成绩、结果），②和投递职位要求的素质相关的篇幅多；两少是：①不相关的项目篇幅少，②与自己无关的经历篇幅少。这样做可以让面试官关注的焦点相对集中，当面试官忽然问起简历上某个项目时，如果发现其实是与你无关的，就会觉得你有吹牛夸大的嫌疑，简历的可信度也会大打折扣。比如，在某次面试中，有位面试者一直在说“我们”，于是我便追问："那你在其中做了什么事情？当时怎么做的？遇到了哪些困难？"结果对方的回答依旧含糊不清，我就不得不重新审视对方的经历。

3. 内容的描述方式，注意保留"STAR"，避免单纯罗列工作职责

许多不合格的简历都只是单纯地罗列工作职责，如果像下文这样能够修改一下，体现"STAR"的内容会更好，"E"的部分可以留在面试的时候回答。

某品牌电竞显示器 × 电商渠道整合推广　　　负责人

修改前：策划 618、双 11 等电商大促的线上线下推广活动，提升店铺 PV、UV，深入沟通电竞人群，打造 ×× 显示屏品牌。

修改后：签约 ×× 战队，利用战队明星选手资源 (S)，紧贴英雄联盟赛事，深入沟通电竞人群，打造 ×× 显示屏品牌 (T)，针对 618、双 11 等电商大促日策划线上线下联合推广活动 (A)，提升店铺 PV、UV，实现店铺粉丝从 ×× 万增长至 ×× 万，双十一 ×× 显示器 × 电商累计销量第一名 (R)。

最后附上一份简历自查清单，你可以在这份清单里找到平常容易被忽略一些重要的细节，比如电话启用了陌生号码

拦截功能，或者手机停机联系不上等。

· 基本信息、联系方式有效。

· 简历的内容和目标职位相关。

· 重要的工作经历或项目经历遵循 STAR 原则。

· 内容能体现岗位说明书中要求的素质。

· 内容加上了数字辅助说明。

· 内容和内容之间平衡得当，没有过多或过少的篇幅。

· 版块区域清晰，借助字体、对齐方式、项目符号、页边距调整。

提高面试成功率：做好行业和公司的调研

我的一位读者朋友小王突然拥有了一个职业选择的机会——去健身行业的某家连锁店当店长。出于好奇，她对这个行业进行了一些调研，并且用到了我之前分享过的调研方法。她先看了两篇行业报告，内心有了一个大致的了解，然后找到自己熟悉的健身房店长、教练了解具体的店长工作是怎样的，听取他们的想法和建议，最后实地考察了一下新店的位置：该店所在的写字楼里有若干家瑜伽、舞蹈、健身私教工作室，竞争看起来非常激烈，如果该店没有特殊的流量或者资源优势，想要获得一席之地会比较困难。最后，结合自身情况，小王决定放弃这个机会。

在这个案例中，小王为获取高质量的信息，先了解行业发展趋势和头部公司生存现状，又实地调研考察经营环境，最后结合自身情况进行综合判断做出了决策。如果很多求职者在求职前有这个意识，就不会胡乱选择了。

在之前的书中，我提到过准备面试要做ICP（行业、公司、职位）调研，“职位”可以通过研读JD（岗位说明书）来解决，但“行业”和“公司”在实际操作起来时，还是有读者表示不知道如何切入和下手，要么是缺乏高质量的信息来源渠道，要么就是收集了一堆零散的信息，自己不知道该如何整合判断。这里分享一下我在请教了咨询行业专业人士之后，结合自身经历总结的经验，简单又实用。

首先，“行业”可以先看盘子有多大，未来有多少发展潜力，细分领域的情况，横向比较产生感知。举个例子，我在找育儿嫂与不同中介打交道的时候，也顺便了解了一下行业现状、未来发展。这不免要去看一些报告，而分析报告时，仅仅看数字是不够的，这种时候可以运用横向比较法，把这个数字和你所了解的行业进行一个简单的比较，就更能找到感觉。比如2020年家政服务行业营收近9000亿（《2020

年中国家政服务行业分析报告》，艾媒数据中心），且近几年一直保持高增长率，突破万亿市场指日可待。如果对数字没有感知，可以试着去查一下自己熟悉的一些行业近几年的复合增长率以及市场规模。比如这两年直播电商很火，所有人都在讨论这个话题，而直播电商在 2020 年的市场体量也是万亿左右（《2020 年中国直播电商行业分析报告》，艾媒数据中心）。虽然这样比较缺乏实际意义，但通过横向比较熟悉的行业，能建立起更具象的感知。

其次，运用一些常用的咨询模型，把收集到的行业、公司信息放进框架中归类，提升整体框架感。现在的时代，我们缺的不是信息而是如何把零碎的信息整理成体系的能力。巧用思维模型，就可以把搜寻到的信息放到不同的筐里，形成更全面的认识。常用的一些模型有波特五力模型（分析行业竞争强度和市场吸引力），波士顿矩阵（对企业当前的业务组合进行分析、评价），SWOT 分析（分析企业优劣势）等。通过这些思维工具，我们能够比较清楚地掌握一个行业的基本竞争态势。

然后，查看头部公司或品牌，研究个体。这一步，可以看看相关公司的招股说明书、年报、研报。比如，研究彩妆市场，可以从看完美日记的招股说明书开始，里面讲到的很多行业内容会给我们带来一些启示。然后再看看各大券商对完美日记的研报，以及对彩妆行业的研究报告。在使用搜索引擎时，有个小技巧，可以使用诸如：年份＋行业关键词.pdf，通过这样的文件格式词指定搜索，很可能检索出一份更全面的报告。此外，也可以搜索一些券商研报，查看国家统计局公开数据等。这种类型的工具很多，大家可以根据需求自行查找。如果是上市公司，也可以查看招股说明书或者年报。

最后，与相关从业者访谈，获得并验证信息。可以与行业内的朋友交谈，也可以去线下门店，通过观察、体验来获得感性认知，甚至可以亲自去验证在研报中看到的一些数据。如果条件允许，也可以请门店的员工吃个饭、喝杯奶茶，听他们聊聊工作流程。

以上步骤也许在有的人看来，有点“高射炮打蚊子”。就是一个简单的面试，有必要这样费尽心思准备吗？如果是应届生或者是刚工作一两年的职场人，面试一些基础职位确实不需要看这么多信息，但对于想要面试稍微资深一点的岗位，或者想转行进入一个不同行业的职场人来说，了解一些行业的基本情况是求职的关键，这时，这些方法就派上了用场。

高效准备面试及面试注意事项

我周围的老朋友和老读者都知道我准备面试的方式，不仅要做行业、公司、职位调研，研读岗位说明书，还要把一些经典的面试问题拿出来复习一遍，每个问题该怎么回答，再按照STARE原则写一遍确保不遗漏细节、有条理。

这当然是最理想的状况，也可以推荐新人这么做，这是提高面试能力的基本功。但现在的我，用这种方式准备，有点力不从心。以前在学校或者刚工作不久没有成家时，还有许多属于自己的时间。现在工作繁忙加上有了孩子，实在腾不出太多时间专门去做这些事。再就是这几年，各家公司面试节奏都提速了，面试安排得很紧凑，经常刚面试完，第二天就被安排进行下一轮面试。

所以资深职场人士在求职中的一个现实的矛盾和挑战就是——如何能够在较少的时间内，高效地完成面试准备，且提高面试通过率？以下是我的升级版面试策略，希望能给各位提供一点启发和帮助。

1. 提高获取的信息质量，以防无效信息占用时间

上一节中列出了详细的步骤，比如，在准备某个之前没涉猎的行业时，不是用普通的搜索引擎，而是锁定特定工具，

直接搜研报，这就节省了很多无效信息占用的时间。

2. 和猎头尽可能了解清楚职位细节，研读岗位说明书，以及其他有用的信息

这也是你判断猎头是否老练的重要依据，如果对方一问三不知，什么都说去问一问，或者使用一些故弄玄虚的话术，那很可能猎头自己就没搞清楚。有的猎头会分享一些业务单元、未来前景、公司架构等方面的信息，还能提供一些判断，甚至面试的准备方向等，这样就能够让你做好万全的准备，有的放矢。

3. 做好面试的信息管理

我会在常用的笔记类 App 上，新增加两类不同的文档：一类专门用于写一些常见问题的回答思路。但是我不再写那么细，也不再准备那么全，而是就个别方面整理一些关键词。这些问题包括，聊聊过去的工作经历、工作中遇到的最大挑战、优劣势分别是什么等等。当有一些问题感觉回答得不是很满意的时候，我会把这个问题再补充进去，思考回答内容，以便在下一次面试中不再出错。另一类文档是有关目标职位的信息，包括行业资讯、有启发的报告、优劣势、商业模式、利润情况、竞品、自己的想法、方法论、怎样复用经验到新职位等等。总之，每去一家公司面试，就创建一个笔记分门别类地记录，以便在面试前时时回顾，加深印象。

4. 提前预判该职位最需要的三种能力是什么?

许多公司都讲究候选人能力模型的匹配，所以在招这个职位之前，他们自己内部会先考虑，这个人哪几点最重要？比如一个资深的、需要带团队的岗位，可能就会考虑对方是否具有团队管理能力、业绩完成能力以及一套系统的方法论。因此，我们要提前对所要面试的岗位做一些预判，找好对应的方法。

比如，当面试官问：“你最有成就感的一件事是什么？”你认为面试官想听到怎样的答案？其实面试官只是想从中了解这个候选人在意的方面是哪些。比如这件事是发挥了自己的组织能力，带领团队历经千辛万苦把事情做成了，那这个人可能是领导力比较强；或者这件事是通过什么样的方法克服了困难，完成了一个很有挑战性的任务，那这个人可能是目标感比较强。不同的人对成就感的定义是不同的，侧重点也是不同的，所以准备面试时，可以去思考这个职位最需要的几个能力素质，从过去的经历中找到能够展示这方面能力的案例，成功的概率就会大大提高。

5. 面试时展现真实的自己，双向考虑

面试是一个双向选择的过程，契合度非常重要。我比较赞同在面试中保持展现的自己，不要刻意迎合或者隐瞒自己的想法。比如有的人接受不了加班，但面试中为了拿到录用通知却说能接受，结果工作时发现自己很难坚持下去，只能离开，这对于双方而言都比较麻烦。我曾在面试中被问不喜欢什么样的企业文化，我回答说不喜欢无意义或者形式主义的加班和低效的会议，问我缺点，我也坦率告知。对方反而觉得我没特别大的问题，也觉得我很坦诚。真实的才是最好的，人一定都有自己的喜好厌恶，试图掩饰只会让对方心里不踏实，不知道哪里会有意想不到的雷区。所以不妨展现真实的一面，反向筛选掉那些和自己不那么契合的公司。

6. 动机类的问题自己要先想清楚，才能说服别人

这类问题，难度不高，但是回答不好，也很容易被筛掉。比如，转行择业一定会被面试官“夺命连环”问：为什么要转行？考虑清楚了吗？你确定你考虑清楚了吗？这些可能遇到的困难你都了解了吗？在这个追问的过程中，如果候选人思考得不够清楚，或者功课做得不够，稍有迟疑，就会让面试官心生不安，觉得对方没有诚意，不够坚定。

类似的问题还有，面对跳槽频繁的人，面试官会反复问，

这次能稳定吗？和之前有什么不一样？什么样的情况下会再次跳槽？跳槽少的人，又会被问，你似乎很稳定，为什么现在要跳槽？是否能够适应新环境？能否适应高强度工作和节奏？如何证明？

有不少和我交流过的朋友还有读者表示，自己明明和面试官聊得挺好，但为什么最后面试没有通过呢？复盘面试经历时，他们提到面试官会在上述动机类的问题上比较纠结，抓着不放反复询问。这一点是可能导致面试没有通过的一个重要因素，因为你没有说服面试官相信你的动机。

我就曾被面试官不停地追问工作节奏和工作压力，于是我给他讲了很具体的例子，例如自己之前在做项目的时候，跟进很多细节也是没日没夜的等等。之后面试官就没有再抓着我这点不放。所以，应对动机类问题，一定不要大意，首先确认自己的想法、想清楚自己的未来规划后再和对方说的时候就会有一定的说服力，如果再有一两个案例佐证，效果就会更好。比如我的一位朋友转行择业，刚开始想要说服对方自己是真的对要转的行业感兴趣，反复说自己多喜欢多向往，但最后都没有成功。直到后来他花了几个月的时间沉下心考到了一个相关的证书，即使是比较初级的，面试官也相信了他的决心。苍白单调的语言，远不如实实在在做事有说服力。

7. 面试之后要做好记录和回顾，调整优化面试策略

面试是一个不断复盘思考，不断加深对自己的了解，不断从别人那里得到信息反馈，了解自己市场竞争力的过程。这些信息非常宝贵，可以帮助我们调整面试准备的方向，比如你认为自己的竞争力体现在项目 A 那段经历上，但面试官可能对项目 B 更感兴趣，在遇到这种情况时，把面试复盘和准备工作多花在项目 B 上，优化面试策略会更有效。即使不跳槽，有了这些信息，也可以在工作中有所侧重，提升相应能力。

靠着这些方法总结出来的升级版面试实战经验，让我在多年没有参加过面试，且没有任何热身和适应的情况下，也能迅速进入状态，拿到了三家知名公司的录取通知，面试通过率 100%。此外，职场写作，也让我得以长期保持着对工作的回顾和审视以及对工作内容的定期梳理总结，也提升了我沟通说服、逻辑分析、快速做出思考和反应的能力。

我曾写过许多关于面试的文章，更是在《光速成长》一书中给出了保姆级别的求职教程。如果你觉得你的面试方式和技巧有待提高，或者工作经验和跳槽经验都比较少，我建议先熟练掌握基础操作，再结合本章节的方法进一步提升。希望这些方法能够切实有效地帮助你准备面试，提高面试成功率！

跳槽时，如何扭转低于市场平均薪酬的局面

小张公司福利比较好，但起薪远低于市场平均值，他有意跳槽，于是去了解了一下市场上待招的职位，猎头和公司的 HR 都表示只能按照现在的薪水涨 30% 左右。其实跳槽涨薪 30% 是一个普遍情况，但小张觉得自己比较吃亏，因为起薪远低于市场平均水平，在这种情况下涨薪 30% 不太公平。

为什么不能按市场均值提供薪资呢？而且既然已经有了招聘预算，工作内容一样，为什么要以上一份工作来定薪资呢？

其实，有些公司是能够按照公司岗位职级的招聘预算提供给候选人的，在这个范围内不会过多压低候选人的薪资。但很多公司却并不是这样，他们更追求性价比，希望能够以最低的薪资招到一个合适的人。针对上一份工作定薪资，确实是一种比较偷懒的做法，但站在这类用人公司 HR 的角度，这个参考值可以防止他们的工作出错。如果对方提供的薪资流水和实际给的录用通知相差过大，即使在预算范围内，他们也可能需要按照流程申请报备，而对于他们来说，如果岗位不是很难招或者急招，他们会尽量避免去做这件事。

所以针对小张的情况，得到的初步反馈都是只能在现有低薪资的基础上涨 30%，可能有以下几个原因：

1. 如果还没开始面试，只是大致的反馈，可能是简历出现了问题

正确的解决方案就是，好好复盘过去的工作经历，仔细研读岗位说明书，针对性地修改简历，看修改了简历之后是否有更好的机会。在面试前，尽可能提升面试的能力。

2. 如果已经通过了面试，也许是竞争激烈，不是非你不可

有可能该岗位竞争激烈程度非常高，也有可能是面试双方没有眼缘。针对这条能挽救的就是，申请加试或者和用人经理直接聊聊，让对方感受到自己的独特性。或者多拿一些其他公司录用通知，间接让对方感受到自己的价值。

3. 经历缺乏亮点，对方没有动力主动涨薪或者按照高的招聘预算来招

针对这条，可以重新思考一下自己的竞争优势是什么。有时候可能是方向选择上没找到适合自己的，也许换一个方向，就会凸显和放大自己的竞争优势。举个例子，互联网行业不少岗位竞争激烈，小张没有特殊的优势，但小张英语好，于是去尝试了一些外企。只是换了一个方向，但小张的优势便能得到放大，机会面也更广。

4. 对方认为，即使给你涨薪 30%，你也会来

这是一种心理上的博弈，对方判断这个职位、平台，对你来说会是简历上浓墨重彩的一笔，你需要这个机会大于对方需要你。如果是这种情况，也侧面说明平台也许比起现在有更好的发展机会，如果妥协抓住机会，在历练之后的下一次跳槽中再寻求高薪，也不失为一种不错的选择。

我恰好有个好朋友前段时间跳槽，也是起薪过低这种情况，而且她是从细分领域的头部公司去了知名大公司，通常这种情况薪酬也会被压低。经过一番努力，她最后的薪资涨幅大概在 60%，除此之外还有期权。当然，因为她的起薪低于行业平均值，所以如果按平均薪酬来说，涨幅没有这么高。

她的破解方法其实就是好好准备简历、面试，多拿录用通知书，拿有含金量的录用通知书。面试之后，直属领导特别希望她能入职，她也同时收到了其他的录用通知书，所以有较大的谈判空间。手上录用通知书多的时候，就从他人选你，变成了你选他人。当然，这并不容易。但比起其他的方法，这可能也是自己最容易掌控的部分了，投入产出比也很高。

还有一种破解方法是，面试前和面试初期不提自己的薪资，到后期甚至拿到录用通知书再告知。这点是我认识的职场前辈、知乎答主 Sean Ye 的建议，面试前期先不直接透露自己的薪酬，而是询问对方岗位的薪资范畴，然后表示范

畴在自己的考虑范围之内。等后期面试比较顺利时，再争取按公司设置的岗位预算招聘。这样能够降低前期的竞争激烈程度，以及提高用人单位的招聘投入成本。不过这一条实际操作中可能会遇到一些阻碍，需要我们结合上一条见机行事。另外，针对小张所在的公司福利好，比如一些话费、交通补贴、逢年过节的福利发放等，也可以把这种福利折合成现金，计算进自己现在的薪酬中。

还有一些间接破解的方法，可能需要花更多的时间和精力：

（1）如果决定不跳槽，努力在现在的公司晋升，即使内部晋升薪资涨幅不大。因为大家都知道在公司内部晋升很难，很多时候都是觉得晋升不了，想跳槽。如果能在公司内部晋升中脱颖而出，实际上是一个比较有含金量的证明。

（2）如果决定跳槽，在目前的跳槽机会中选择比较大的平台，即使当下涨薪幅度小。虽然当下涨幅不多，也许只有 30%，但有了大平台的经历，以后再跳的时候，50% 甚至更高一些的涨幅也是可能的。

这两种间接破解的方法，思路相近，都是怎样让自己未来的经历更加有价值。

薪酬谈判常见的六个问题

某次面试结束之后，对方公司 HR 找我谈薪酬，表示最多可以提供的大概是多少。但我当时还有别的公司要面试，就回答说晚一点再聊。过了几天，第一家公司从猎头处得知我通过了第二家的面试，便直接问我如果之前的薪酬方案上升 20%，是否可以考虑留在这里。

所以薪酬谈判，有时候是一种心理博弈——如果手上的底牌多一些，面对不同选择时候的底气更足，从而能收获更好的结果。所以我始终认为，如果希望通过跳槽涨薪，不要只考虑一个机会，多去接触不同公司的职位，了解市场情况和自己的竞争力，在多个机会中择优选择。

说到薪酬，还有几个常见问题需要注意：

1. 一般跳槽薪资涨幅如何?

一般跳槽薪酬 20%~30% 的涨幅会比较正常，这是对换工作风险的补偿。通常不建议降薪接受一个职位，不过也有例外，比如转行，所谓转行穷三年，因为通常要从更基础的职位做起；另一种常见的是薪资倒挂严重，如果作为公司早期员工加入会有很多原始股，可后来股票涨幅迅猛，远超市场该职位的薪酬水平，但又暂时达不到更高职位的工作水平。

2. 什么样的情况下可以接受薪酬平跳?

如果平台机会好，或是对职业长期发展更有帮助，在权衡利弊和成本的情况后，可以平跳。常见的情况有：①以前都在小公司，现在要去大公司；②以前是个人岗位，现在带团队，规模更大；③因为长期考虑要换行业；④公司规模差不多，但是职位上可以再上升一个台阶。具体需要我们根据特殊情况特殊对待。

3. 被问及理想薪资时如何回答?

可以反问对方公司，这个职位的薪酬范围是多少，试探对方的想法。也要事先了解市场均值，参考均值或者给个人当前薪资设定一个理想值。如果不是薪资倒挂严重，30% 涨幅其实是大家通常比较能接受的，所以在这个基础上，可以留一点余地和空间，不必第一次被问时就说出真实的底线。

4. 什么时候谈薪资比较合适?

如果是通过猎头跳槽，可以向猎头咨询职位的薪资范围。有时候，猎头为了吸引候选人去参加面试会把薪资说得比较高或者含糊其词。有实力、有底气的候选人先不透露自己的底线，而是问对方薪酬范围，拿到录用通知之后再根据收集的信息谈判，避免面试时仓促妥协。

5. 谈判的关键要点是什么？

上文提到，关键在于手上是否还有其他的底牌。同时，收集信息，减少信息不对称，可以在网上或者 App 上了解更多有关薪酬的情况。也可以通过猎头了解这个职位是否急招、岗位空出来多久、之前的人是什么原因离开的等等，来判断这个职位招人的难易程度。

6. 薪酬信息里的注意事项

问清薪酬结构和其他条件要求很重要，比如有的年终奖是浮动的，有的股票也是要满几年才可以分批授予的，有的入职发放奖金是分不同时间段发放的，等等。有时候看上去一年的薪资总数很高，但如果仔细了解了这些设定之后可能会发现，只有待满了几年且绩效比较好的员工才可以全部拿到，如果只待一两年是达不到这样的薪酬的。另外，也可以了解一下公积金缴存比例、交通补贴等，有的公司福利比较好，这些林林总总也不少。

最后再强调一个原则——不要裸辞。裸辞后，如果长时间没有找到工作，在薪酬谈判时就容易吃亏，并且对方发录用通知的时候可能还会有点犹豫，担心你是否能尽快投入工作。所以裸辞再求职，心态上会更慌，更容易陷入被动的局面，不利于薪酬谈判。

第二章 预防危机：提前布局职业生涯

职业生涯，不同阶段关注不同的发展任务

职业规划领域有专门的职业生涯发展理论，比如金斯伯格职业生涯发展理论、舒伯职业生涯发展理论。舒伯的理论有三个阶段与金斯伯格的分类相近，只是年龄段划分上稍有不同，增加了有关就业以及退休阶段的阐述，更为全面。所以这里着重介绍一下舒伯的理论，以便我们更好地了解在职业生涯不同阶段有哪些不同的任务、目标、重点，帮助我们做好职业生涯周期管理（表 2-1）。

当然，这里要特别指出的是，该理论是在 1953 年提出的，已经过去了半个世纪之久，所以年龄的划分未必能紧跟当今社会的快节奏和变化，在对照自身发展时可以更与时俱进地看待。不过，舒伯理论的每个阶段特点和发展任务，在当下仍然有很大的参考意义。我接触过不少 30 岁以上的职

场人士，工作了很长一段时间之后才发现自己不适合当前的工作想要跳槽，并为此付出了很多的努力和不小的代价。如果事先了解过职业生涯发展理论就知道，在择业前就应该进行自我发掘和职业探索。每个阶段的发展任务都是无法跳过的功课，在30岁前就应尽可能做好职业探索，了解自我，也许发展会更好。了解了这些，提前预见每个阶段可能会遇到的问题，能够更平稳地应对择业、发展以及中年危机。

阶段	成长期 0—14岁	探索期 15—24岁	建立期 25—44岁	维持期 45—64岁	卸任期 65岁以后
关键词	成长	试探	决定	保持	衰退
阶段特点	逐渐发展自我概念	自我试探、角色探索和职业探索 22—24岁初步确定职业选择，试探长期可能性	确定适当领域 25—30岁实验投入和建立期 31—44岁晋升期，工作稳固安定	稳固成就，创意减少，应对挑战	隐退，寻求不同满足方式弥补失落 65—70岁工作速率减缓 70岁以后转移精力至兼职或休闲活动
发展任务	发展对工作世界的兴趣，了解工作的意义	实现职业偏好，适合自己的专业工作的选择，发展专业技能	稳固发展，学习和他人建立关系，专业精进，发现晋升路线，建立将来保障	接受自身限制，发展新技巧，维持专业领域成就，为以后做准备	发展职业性质的角色，闲暇时间充实，学习发展个人兴趣

表2-1 舒伯职业生涯发展理论

另外，职场不同阶段具备哪些能力，能让职业生涯发展得更好呢？以下是我结合观察访谈总结的一些想法。刚进职场的时候，竞争力主要是学习能力、努力程度、体力精力、执行能力；中年时候，竞争力主要是决策能力、管理能力、专业能力和经验；后期，竞争力主要是预见能力、赋能他人、培养团队能力。

最后一点，我在很多文章中都提到过，自己要对自己的职业生涯发展负责任，要有主人翁意识，要积极主动寻找机会、寻求帮助、要求表现。而很多人恰好是相反的，他们等着机会掉下来，等着别人分配安排好自己的工作，等着老板主动想起给自己升职加薪。把自己的发展寄托在他人身上，这种心态是职业生涯发展中最大的阻碍。

给几百位读者做过职业咨询，我把问题总结为这三点

有段时间我翻了下咨询笔记，发现很多问题都比较相似，具体可以分为以下三大类：

1. 有大概 1/3 的人，没有方向和目标。
2. 有方向和目标，但不知道该如何靠近、实现。
3. 达到了阶段性目标，但很快面临下一个阶段的挑战，

不知道该如何应对。

每种类别下的具体问题千差万别，这里总结归纳，希望大家能够从中发现一些普遍规律，为个体做选择提供一点思路。

1. 没有方向和目标

有不少咨询者会问我，我是选择工作A呢，还是工作B呢？A和B是完全不同的工作，有的人可能还会有CDEFG选项。这类问题，应届生或者刚毕业一两年的人会问得比较多。比如他们喜欢问我，我是去做培训老师或者去企业里做个什么工作呢？还是去当公务员？

我不会直接回答他们的问题，而是会反问，有没有想过之后的方向和目标？有的人从来没有考虑过这个问题，有的人是考虑过但是没找到。可能的原因有很多：比如性格比较随性，考虑问题不长远；家里保护太好，每一步都有家人的安排；兴趣广泛，所以不知道怎么选择；容易受人影响，别人说A好，他就选A，另一个人说B好，他又想选B；等等。

这些原因造成的问题可能会导致积累比较慢，变动比较多，更容易受随机因素影响，而不是经过分析自身做出的决策。比如两个不同的工作，恰好身边有个人说A好，可能就选了A，没有想过A和B到底哪一个更容易接近未来的目标。

给这个阶段职场人士的一些建议：

· 目标是职业发展的指南针。哪怕是先找一个短期的目标，比如薪资、级别、能做成的事等等。有目标之后，它能够帮我们在之后的某个节点，做出选择。之后可以在过程中不断调整。举个简单点的例子，假设短期的目标是，希望工作 × 年，能够达到什么职位。那在面临选择的时候，就可以去看，机会 A 和机会 B，哪一个更能实现。如果发现 A 更容易实现，但后劲不足；B 前期积累长久，但能厚积薄发，这个时候就可以考虑，是达到之前的目标更重要，还是说需要把之前的目标做一些调整。

· 意识到自己在达成目标的过程中，还有谁会影响自己的决定。我常常会问咨询者，你要做的这个决定，家人的意见重要吗？还是说你自己的想法最重要？问这个是为了让咨询者意识到自己做决定时的一些影响因素。比如有的咨询者的目标和家人的期望是相违背的，而在过去的决策中，家人的意见起到决定性作用。这种情况下就需要通过和家人多沟通让他们接受，或者把自己之前的一些目标做一些调整。

2. 有方向和目标，但不知道该如何靠近、实现

这一部分的问题就更千差万别了。有人想转行，不知道

是否可行、可操作；有人想跳槽去大公司，担心跳槽失败；有人想要掌握某个技能，想要升职加薪。

这一部分的原因也许是：信息收集筛选能力有限，或者信息获取无法转变为下一步的行动指导；不知道该如何运用一些工具方法改变现状或者无法坚持；对自身能力不认可和低评价（有时和事实相反）；身边缺乏成功案例，无法“看见”。

风险和可能出现的问题：行动的方法不对，工作不见起色；长期没有提升，或者是没有做出一些有意义的积累；自我怀疑，陷入死循环。

给这个阶段的一些建议：

· 对自我进行全面客观的评价。有的人明明很优秀，却觉得自己胜任不了某项工作，自我评价过低。另外归因风格也会影响个体的动机、心境和行为，可以看看自己是否过于把问题都归结为自身原因。合理的归因是能够分清哪些是外部的，哪些是内部的，不过多进行自我攻击。

· 踏实做功课，收集整理信息，根据自己的情况制定行动方案。包括网上获取的信息，或者相关人物访谈等。行动方案要可行，不要指望一口吃成个胖子。

· 坚持行动，积累一些小的成果形成正循环，总结回顾，评价自己所处的阶段离目标还有多远。这是最难的一步，很多人在上一步，不小心淹没在了信息的海洋里。但是没有行动，改变就不会发生。

3. 达到了阶段性目标，面临下一个挑战不知如何应对

这部分人是幸运的，他们已经积累了一些成功经验，信心大增。但很快又会遇到新的问题，比如说：当了管理者但没有管理经验；升了职但那个级别要处理的事也比以前难了许多；过去只要凭努力就可以做得差不多，但之后要靠那些看起来有点抓不着的东西，比如怎么做决策、培养战略思维、调兵遣将等等。

这部分的一些原因可能是：过去没有知识积累，也缺乏经验；公司或者环境没有与之相匹配的培训；不知道该怎么样找到适合自己的方法。

风险和可能出现的问题：彼得原理[①]——员工被提拔到无法胜任的职位上，能力到达天花板，未来发展空间变窄。

给这个阶段职场人士的一些建议：

---

① 彼得原理（The Peter Principle）：由美国管理学家劳伦斯·彼得（Laurence.J.Peter）于1960年提出。指在各种组织中，由于习惯于对在某个等级上称职的人员进行晋升提拔，因而雇员总是趋向于被晋升到其不称职的地位。

·及时充电，快速补充自己在新领域的知识。可以看一看该方向的参考书籍，再找一找是否有可以参加的培训。

·在工作中实践新学的知识，内化为能力。不要太固守遵循过去的一些做法，因为你现在面临的是以前不曾有过的局面，所以过去能够帮助到你的未必在未来也能起到作用。

·找认可的前辈取取经。可以找在工作中某一方面做得比较好的人，向他们请教一些方法。这样会更高效，避免了自己摸黑探索。

当我翻看咨询笔记的时候经常发现，有的人在做不同选择时，都是采取一贯的方式——随机选择。如果自己没有觉察这种情况，下一次还是以这样的方式做决策，就会反复陷入过去常犯的错误中。也有个别的人全部都考虑过，希望从我这里获得的不是信息，而是我能肯定他的答案。其实，有些道理我们都明白，只是缺乏一些勇气，需要从别人那里获得支持。

很多时候，我更多的是站在一个局外人的角度，利用一些工具和方法，帮助咨询者觉察到一些之前没有发现的惯性思维，帮助他们“看见”，或者是帮助他们找到自己的优势。

所以我常常和咨询者说：“其实，你心中已经有答案了。”

职业生涯路径，一路向上之外的另一个选项

有一些职业咨询的来访者在外企或者国内互联网公司工作，他们和我聊跳槽的时候，我都会问一句，有没有内部转岗的机会?

内部转岗毕竟比直接跳槽风险小很多，比较熟悉的环境，就算换了一个完全不同的职位，学习和适应起来也会比较快。还有一个优点是，相较跳槽而言，内部转岗更有可能接受一个在新职位方面经验欠缺一点的人。如果用人经理判断外部招进来的人会需要更久的时间适应学习，而且还不一定靠谱，那不如找一个内部口碑比较好的，且一段时间之后能快速上手的。

一般大公司会有比较完善的转岗机制，从职位发布、内部面试到转岗每个步骤都有清晰的要求，比如上年绩效不得低于多少，原上司不得阻碍转岗，正在招聘的经理不得自己主动找人，必须要和外部的候选人一起公平面试，等等，所以内部转岗是一个不错的选择。

要说内部转岗有什么不足，可能就是有时候薪资不会有太大调整，希望通过跳槽实现涨薪的话就要看每个公司自己的政策了。还有就是如果离职原因是公司文化环境，那之前那些受不了的问题和毛病仍然不可避免。

总的来说我觉得内部转岗还是比较适合那些想换一换方

向积累不同领域经验，但又觉得公司整体还不错不用非得跳槽的人。还有就是有一些跨度比较小的转行，外面比较难实现，但内部可能还是有机会的。

那你有没有想过公司为什么会有内部转岗制度，甚至有的公司文化还比较鼓励内部转岗呢?

我有许多同事都经历过内部转岗，有的跨度比较小，有的跨度比较大的。很多外企的文化都是这样，你会经常看到有人在外企待了十年八年，以为这个人会一直很稳定地做这一个职位，但其实对方经历过不同的岗位，比如有的做过销售、市场、公关，也有的做过人力、产品经理、项目经理。

这种转岗的文化帮助公司节省了招聘成本，也帮公司留住了一些人。因为有的人跳槽可能是觉得在这个岗位上没有成长机会了，但如果换一个岗位，就能以更小的风险成本积累新领域的经验，因此干脆就先不跳槽了。

以上是对公司而言员工选择内部转岗有利的方面。那对个人的职业生涯发展而言呢? 这里就要讲一个职业生涯发展的概念，“职业方格架”。

传统上来说，职业生涯发展是“金字塔型”的，这个很好理解，就是一层一层往上的单向通道。要么往上爬要么往下，爬到顶端只有一种方式。但“方格架”不同，横竖的结构，横向也可以走，爬到顶端有很多方式。这有点像在攀岩时，选择先踩住边上的一块石头，往上爬两下再拐回到原来的路线上或者是又找到了一条新的路线（图2-1）。

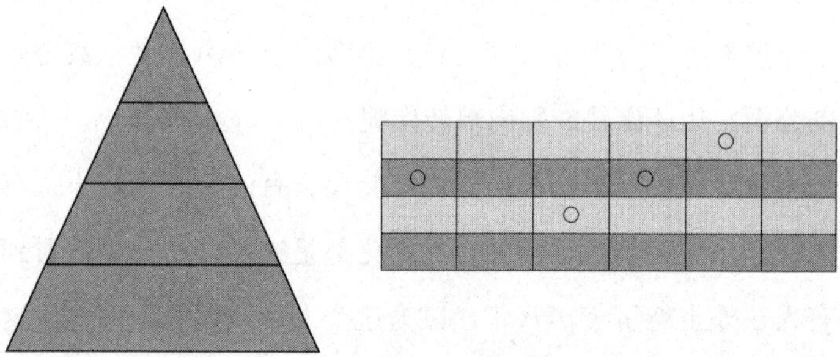

图2-1 传统金字塔和职业方格架

我曾经的一位领导，在不同职位上都做过好几年，所以对业务各方面都非常了解，因此在某次机缘巧合下便成了一个更大团队的领导，顺利地完成了一次难度很大的晋升。如果当时她按照原来的既定路线一直做某个领域，可能之后结果也不错，但接触不同的职位可以让她看得更全面，就算不升职也成长了很多。所以在她的职业方格架上，她是横着走了一阵子，再往上发展。

听朋友说，她的一个同事以前在公司做业务做得很好，也带过团队，后来决定转行做培训师。于是跳槽到了一家公司从最基础的专员做起，做了几年之后有了成绩自己出去单干，发展得也很好。所以，朋友的这个同事的职业方格架，虽然换了一个格子，往下走了一点，但之后还是能够一直向上。

比起金字塔型，职业方格架更灵活，也更适合这个时代。毕竟我们现在所面临的职场，比起以前要更多元、更具挑战性。越来越多的人也希望自己能够在主业之外开辟更多的生活可能性。

所以职业方格架既提供了某一领域个人发展与更大挑战相匹配的灵活性，也帮助我们看到了其他领域兴趣、技能和挑战的新组合。希望能够对看到这篇文章的你有所启发。

如何提升行业认知高度

前面提到，从职业生涯中期开始，对人的要求就越来越偏向于“务虚”方面了，其中，提升行业认知高度，是很重要的一部分。如何提升自己这方面的能力呢？我就这个问题采访了几位资深职场人士，每个人都给出了一些自己习惯的做法，这里总结分享给大家，希望能给你一些启发。

1. 采访对象：老板

职位：外企高管

关键词：换位思考、代入法、“555 法”

多想想自己如果坐在上级的位置或者大老板的位置上，自己会怎么做。比如生意如何切入，有哪几大支柱支撑，自己手上有哪些底牌，受哪些因素制约，有限的资源要放多少在新尝试的方向上面，能影响哪些指标，等等。

读到行业新闻的时候也可以代入，如果自己是这项业务的负责人，是否会支持这些改变，这些改变能带来什么？与自己的做法有哪些相同点，哪些不同点？

利用“555 法”，思考从现在开始 5 周后、5 个月后、5 年后会发生哪些事情，进行短期、中期和长期的思考，预见机会和阻碍，找到周期趋势和规律。

2. 采访对象：职场导师

职位：外企高管

关键词：固定会议、自由对话、脑力风暴

在自己的行程日历上，设置一个定期的会议时间，比如一周一小时。用这一小时来思考工作和行业。也许是阅读报告，也许是找公司的同事了解一下对方的工作，比如最近在忙什么，最近在做什么样的事情，工作有什么难点，有什么计划，等等。

有意思的是，这位导师说他通常都不准备话题和问题提纲，只是问一些开放型问题，让自己做一个好奇的发问者。而且他也不给自己布置任务比如这个月要和几个人聊或者聊些什么。他认为这种轻松的聊天能够让自己更专注地倾听对方的想法，而非关注自己的问题。这些随意聊天所积累的零散信息，会在之后的工作中不自觉地蹦出来，发挥作用，从而帮助他看得更全更广。

此外，他在工作中思考战略、年度计划目标、创新方案时，也会自己和自己进行脑力风暴，用便利贴把所有想到的写下来贴在白板上，然后分组归类想法。

3. 采访对象：职场前辈

职位：带领40人团队的业务负责人

关键词：自我评估法——私下写个升职材料评估自己

这一点让我觉得耳目一新，这位职场前辈经常这么做，用来反思和审视当下自己在做的事情是否有高度、是否在对的方向上。

他说，他会设想自己如果再次升职，他的申请材料里写的会是哪些事情？产生了多大的影响？这些事情是否能支撑他向上一个台阶？通过思考这些问题，他再反过来想，现在自己需要做哪些事情，比如怎样扩大十倍的生意，或者现在在做的产品，如何辐射到其他兄弟部门，怎样能够帮助到他们，等等。

其实这也是《Google工作法》（世界一速く結果を出す人は、なぜ、メールを使わないのか）一书中提到的工作方法，把目标设置提高10倍，而非提高10%。怎么样打破固有观念才能取得10倍的成果？这就需要我们反过来要求自己以更大的视角思考现在面临的问题。

4. 采访对象：前老板

职位：国内知名互联网公司高管

关键词：体验派——多见世面

我的前老板信奉“从做事中学习”。多经历、多见世面、换不同的公司、做不同的项目，增加体验。这样有时候“即使没吃过猪肉，也见过猪跑”。与其远远欣赏，不如近距离参与、了解这家公司的业务。

当然，也不是随意换公司，而是有一定的行业关联性。每家公司的擅长之处不同，这样，当有一天把不同的经历串起来，比较、分析，就获得了行业认知的新高度。

5. 采访对象：好友

职位：国内互联网公司某业务负责人

关键词：提问法——提出一个好问题，就接近了真相

有时候我们拿到一个话题，一时不知道该如何说起。比如如果问：你怎么看待直播？怎么看待社区团购？怎么看待私域流量？可能思路就比较泛泛空洞。

如果通过变换不同角度提问，比如你觉得这是一门好生意吗？这个模式可以持久吗？未来要做大有哪些关键因素？风险在哪里？这样就能找到思考这个问题的切入点，深入挖掘下去。

6. 采访对象：好友

职位：国企某业务市场负责人

关键词：以终为始法——考虑市场效应

这也有一点像前文提到的自我评估法，好友提到他们公司在开始规划一款产品的时候，就会讨论这个要做的产品：如果真的有一天面世了，行业和竞品会如何评价？新闻媒体会如何报道？产品的使用者会给出怎样的反馈？

他们用这种方法思考做的产品功能是否足够创新，是否能够引起市场反响和关注，而非按部就班地开发产品。甚至有一次他们收集完信息之后，判断产品并没有足够强的市场需求，而取消了产品开发，从而避免了早期投入无法回收成本情况的发生。

以上是一些实用的方法，另外，所有人都提到了一点，就是要寻找高质量的信息来源，持续阅读行业新闻报道、行业报告、相关书籍，有足够的输入量。高质量的信息来源可以参考行业内多次重印的经典书籍，或者是调研公司、券商公司发布的行业和公司报告。这些因行业不同有很大区别，所以这里就不再展开了。

最后，分享一个小故事。我在和好友说起这件事的时候，她和我说，由于工作缘故他们经常需要给领导写材料。领导对材料的要求总结为九个字：有质量，有高度，有价值。有质量，指的是言之有物，信息准确；有高度，指的是站在领导的角度思考这个问题，表达领导的观点和对团队班子、对工作的要求；有价值，指的是这些内容，对听众有什么意义和收获。方方面面都概括到了，仅仅九个字，却一点也不容易做到，需要带着觉知，反复练习。

长期积累，提升行业认知高度，这样才能和体力精力更胜一筹的职场新人拉开差距，在职场中占据绝对优势。

“我在这家公司学不到东西，怎么办？”

总有读者问我，工作两年和毕业的时候相比并没有什么太大的提高，在这家公司学不到什么东西，怎么办呢？隔着屏幕看到这些问题，就仿佛看到了几年前的自己：工作两年，好像是最容易迷茫的时候——逐渐摆脱了职场小白的角色，开始寻求自己新的定位。

正是因为寻求角色转变，所以才会引发对工作和自身能力，以及未来发展的一系列思考。有这种想法挺好的，说明还在不断追求进步，但这个时候，特别容易陷入以下几个常见的误区里：

1. 我在这家公司 / 这个职位 / 和这个领导学不到东西

我已经遇到不下十个咨询者和我说，在这家公司、这个职位上学不到东西，老板也没什么能力，教不了我什么东西。

老实说，在工作中没人有义务教你学东西，企业是雇你来做事的，刚来不熟悉不要紧，熟悉之后把事情做成，才是这个职位的意义。遇到愿意一直花时间教你的上司或者公司挺难得的，说明公司文化和人都还不错，但这绝对不是应该的。工作之后的学习只能靠你自己主动思考，出了校门就不再有人追着教你东西了。好的公司本身就是一座图书馆，需要自己去发掘最有价值的东西。

以人力资源职位为例，对招聘、绩效、薪酬、培训等模块是否都有所了解，对哪个方向更感兴趣以后想往哪儿发展？学校里那一套和实际工作中的这些模块的区别是什么？公司的政策是如何落实的，有什么值得注意的部分？其他公司是如何做的呢？

做业务的同事，财务指标报表都能看懂吗？关于本职工作的能看懂，那老板在想什么考虑什么你知道吗？行业发展趋势怎样？和以前相比有什么样的变化？在学习提升这方面，我相信大多数情况下，只要个人愿意，就不会没有东西可学。

2. 只要一直学，未来一定会有好发展

每年年初设定工作方面的年度计划时，我都会给自己列几个当年的关键词，要和这一年做的事情相关，有目的地开始做一些事。比如刚带团队的那年，我的年度关键词是管理，围绕这个我参加了公司全部的管理培训，看了一些管理方面的书、写了文章，并有意识地运用。

刚接跨国项目那一年，我的关键词是英语，不仅是写写英语邮件，而是真正用英语和不同国家的同事交流，写长工作文档、组织讨论、学习谈判管理期望、和大家建立相互的信任。所以围绕这些我有看书也有实践。

我见过不少人禁不住“知识付费”课程贩卖的焦虑，就盲目学习一堆自己不需要的课程。没有目标和方向，只有输入（理论学习）没有输出（实践运用），这两项是工作之后学习成长的大敌，效率低下，付出多收获少，预期高效果差，

引发更多的焦虑。

3. 只要我敢于挑战，领导就一定会支持

应该没有老板不愿意让自己的员工做更多的工作，但假设一名员工做本职工作已经很吃力，老板肯定不敢把更大的挑战交给这个人。正如 75% 的人认为自己的开车水平高于平均水平一样，工作中大多数人都认为自己的工作能力高于平均能力，但也许在这一点上，你的老板和同事看得更明白。

更大的挑战还意味着承担更多的责任、更多的付出、更大的压力，也许还有更长的工作时间。所以想要争取更大的挑战，在和老板沟通意愿之前，你得先证明自己有能力做。

4. 工作一定有个“对的”突破口，成长提高一定有个“正确的”方法

有的人会觉得，自己没有成长是因为没有找到“正确的”方法，没有找到工作的“突破口”，但有时候突破口到来之前，大家都不知道它是突破口。我工作中的几个项目，最后的突破口却来自我之前做的一个小项目。这个项目虽然小但是却很麻烦，需要我花许多额外的时间精力加班做，甚至我结婚之前试新娘妆时，都在打电话开会。但最后就是这些事，为我带来了一个新的突破口，让我不仅换了不同的项目组，

也提升了与之前不同的技能，丰富了相关的工作经验。

突破口和成长，一定是由于你之前做对了什么，而引起的自然而然的结果，在积累到一定程度之前，它们都是默默无闻、不起眼的小事。多做事，多换不同的方法做事，争取每一次之后都做一次总结和复盘，用成长的思维看待工作，说不定会帮你打开新的思路。

5. 没有直接产出成果，觉得工作没有价值

有些不直接面对顾客但又要对业务负责的工作，比如分析类职位，不能直接产生结果，感觉好像没什么价值，也没学到什么东西。自己做的事情能直接产生影响固然有成就感，但这并不是我们学到东西、感到有价值的唯一情况。像其他的情况，比如管理者的工作不能自己直接产出，而是要假他人之手完成工作，或者是项目最后由于某种原因被迫中止。虽然看似结果不尽如人意，但对于管理者来说，在项目筹备和执行阶段的讨论思考都是有所收获的部分，只不过是隐藏在过程之中罢了。

除了以上这 5 个常见的误区，还有几条具体的建议：

1. 明确每份工作看重什么，之后尽力争取得到

我的一位朋友在选工作时有一个“三角形理论”：名气、

报酬、成长。只要符合其中两条，就说明是一份合适的工作。有不少人明知道自己选择一份工作的时候只是看中其中的一两个方面，认为其他的都可以忍受，但真入职了，随着时间推移，以前觉得能够忍受的变得不能忍受了。这种心态是正常的，既然知道来的时候看中的是什么，那就给自己设定一个倒计时和短期目标，没有实现的部分在跳槽下一份工作的时候实现，这样就不会过分纠结。不要让一份工作承担你所有的理想与期望。它们太重了，一份工作承担不起。

2. 学会从自己身上获得力量，这才是长期发展之解

对于找我咨询的大部分读者，我都会倾向于多问对方问题，让对方逐渐理清楚思路。一方面是因为我对他们的情况不够了解所以无法直接判断，另一方面是因为只有找到他们的内在驱动力，才能够真正帮他们解决问题。直接按照自己的想法给出一个解决方案，未必是他们想要的正确答案。

外在的这种驱动力很快就会消失，只有你知道自己内心渴望什么样的东西、渴望成为什么样的人，才能够帮你走得更远。所以要学着从自己身上获得力量，而不是指望他人，比如领导或者某个公司、某个职位等。找到内在的驱动力，这才是长远发展的根本。

毕业两年换三家公司：低水平积累的职业发展陷阱

我先给大家分享一个故事。来公司刚满一年的小张离开公司了，同事都觉得有点可惜，觉得小张没有在一个合适的位置、被合适地引导、深入地做事，浪费了自身优秀的条件。小张来面试的时候，大家对其印象还是很深刻的，觉得小张做事认真负责，人也聪明，有自己的想法。但也有其他人持反对意见，觉得小张之前做的事情并不复杂，且只工作一年就跳槽，可能有畏难的嫌疑。但是考虑到当时可能是因为第一份工作没想清楚，所以最终我们还是发出了录用通知。

小张和我合作时，我偶尔会给一些建议。她想升职，我提醒她：她的工作中有个项目很重要，领导疏于管理，她可以借此机会把项目带起来，跑通流程，一套完整的项目分工、上线、审核、数据追踪跟下来，不仅能力会有所提升，做的事情也能被别人看见。小张恍然大悟，说自己要好好准备一下，然后就没有然后了，最后这件事也让别人做了。

后来也和小张有一些工作方面的往来，我印象中她总是传话的角色，我很少看到小张任何的分析报告或者主动改进的事情，我觉得小张的工作没有做得那么出色，所以在一年后，我对小张升职的这个提议投了反对票。我觉得小张虽然在一些方面做得不错，也很认真负责，但是她还没有达到这个级别的标准，希望小张能够在接下来的一个季度里在改善流程、分析总结、组织跨部门合作这些方面有所提升。我的想法很简单，和其他相似情况的同龄人比，小张确实还有差距，如果同意她升职，反而是对那些真正能够达到标准的人的一种不公平。

再后来小张升职失败，冲动之下提出了离职，之后又说后悔，想转岗，就在手续都办理得差不多时，小张表示还是想离开。从别人那里得知，她面试的另一家公司开出了比现在高出不少的薪资，她觉得去那里能学到更多东西，原话是“在这里觉得自己这一年没学到什么东西”。其实她再待一段时间，磨炼一下，做出一些成绩，也差不多能升职了。现在两年换三份工作，又没有在一个职位上升过职，到下一家公司，别人也还是拿她当新人，进行低水平积累。

低水平积累的最大特点就是：看上去走马观花在不停学新东西，但其实都是新鲜感作祟，一直都在做打杂的工作，在一个纬度上跳来跳去，但凡要拔高一点，复杂一点，她就放弃了。小张的经历不算特殊，曾有个微博热搜“你毕业第一份工作干了多久”，大多数人的回答都是没超过一年。有个高赞回复居然是“八个月，我也是挺能坚持的”。

小张算是有一个不错的开头，但如果她想要在下一份工作中有所发展，就必须改变现在的想法和处事方式。那么，小张的问题是什么呢？

（1）做事冲动，易受他人影响，很少听取建议。比如冲动提离职，之后又后悔，选择了转岗，最后又离去。这样摇摆不定是职场的大忌。面对这样的情况，谁能不纠结呢？但最好把那些纠结放在心里，和家人朋友讨论，不要在职场上随意做这样的决定。

（2）容易的事情做得快，但没做好，对难的事情缺乏动力，做不到，指望老板或者能力更强的人解决自己手上的问题。之前小张的邮件会抄送给我，但我从来没搞明白过她写的是什么意思，觉得很混乱，重复沟通也比较多。直到小张走之后，接手工作的人发我同样的邮件时，我一下就看明白了，总结得明明白白，清清楚楚。难的事情，比如那个项目。其实那是个很好的机会，我相信如果她愿意做，老板也会愿意帮助她完成，她也会完成自己能力的一次升级，而不是觉得“这一年没学到东西”。

（3）做事停留于表面功夫，没有解决问题或者做到更深。自从我反馈没有看到过小张的数据分析后，就会隔三岔五地收到小张发来的报告，但里面仅仅是表格和数字的堆砌。我问小张：“你观察到什么样的规律？是否能给我们一些建议，帮助我们做得更好？”但小张只是给了一些很表面的回答，我便没有再追问。后来小张走后，我的下属小白说：“如果要是我写报告也这样，你肯定不会轻易放过我，肯定会刨根问底。”其实我自己都没意识到我这么严，但我能看到的是，小白一开始确实很痛苦地绞尽脑汁想问题、看数据、做分析，一篇短短的总结我要带着她改一个多小时，但到后来她写得越来越好，发来的报告我都不用怎么修改，因为要点都涵盖了。分析生意的过程，一定是深挖几十米，而不是要表面的数字。小白还很有流程意识，我提示她去做的，她都能沉下心花时间去做好，后来能很快辨别出工作中不太合理的部分，进而用更聪明的方法改进，提高效率。这样才是真正成长了。

（4）缺乏耐心，无法接受延迟满足。这点很可惜，即使知道再付出一点努力就可以达到目标，但小张还是接受了眼前立刻能收到回报的选择，即使升职之后再跳槽对她的长期发展更有利。

说这么多，我个人给“小张们”的一些建议就是：

（1）警惕表面的“学习”和做事。前面已经说过很多了，做事之前还是要思考做事方法，提高表达的有效度和精准度。比如小张的继任者，就是站在了收件人的角度去重新组织了信息。

（2）适当参考职场前辈的一些建议。他们比你看得更全面。可以不偏听偏信，但多聊一聊，总会有不同的收获。

（3）每个阶段给自己定一个职业发展目标和相应的技能树。比如说小张，第一年可以是主导一个项目并取得一定成绩；第二年转岗之后可以是做到流程上的优化，积累跨国项目经验。

（4）减少短期的逐利情况和低水平积累。如果不是经济状况困难，尽量做稍微长期一些的选择。如果经常看商业案例就会发现，很多企业的一步步发展中都充满了克制，人在职场中也是一样，做对长期发展有利的选择，这样到后面，对的概率和胜算才更大。

其实我很能理解小张，想多看看不同的世界，想尽可能地学习新东西、掌握新技能。但职场生涯其实是由无数件事情一件一件堆积起来的。每个项目、每件事，就好像是一块石头，你需要逐个把它们推上山坡。可能一开始你推的是个小石块，你也只能处理这么多。但渐渐地，你在积累中变得更加强壮，过去的艰难时刻让你生长出了更多的肌肉，能够推动越来越大的石块。

没有人能够一上来就推动大的石块，但如果总换坡道推同样大小的石块，是无法获得真正的成长的。希望小张有一天能够明白这个道理。

“我快 30 岁了，想转行，还来得及吗？”

身边有不少朋友转行了，我了解的比较多的是其中两个人的故事。这两个人年龄差不多，都处在 30 岁左右，一个转行成功，一个转行失败。我想通过分享他们转行的经历，让大家了解转行所要做的一些准备。

转行成功的 A 君，以前在咨询行业，想转行去互联网，自己投了互联网公司，但一直没有结果。后来通过朋友推荐，进入了一家公司，从一个不高不低的职位开始做起。薪水其实没有以前的职位多，但考虑到长期的发展，还是做出了这个选择。

B 君转行就没这么顺利了。B 君本来做互联网运营，但是想要学一门技能，以后靠技能吃饭，所以辞职后专门花了两三个月的时间学设计。学完设计之后，靠着作品也如愿以偿找到了设计师的工作。但又过了一段时间，B 君却辞职了，又转回去做运营。我问他原因，B 君说虽然学会了设计技能，但工作中设计师是要持续、稳定、高效产出的，看上去好像只要有技能就行，实际上还要有一定的经验。自己短期之内的产出跟不上工作要求的速度，只能暂时放弃了。

说起转行，可能有不少人受网上一些热帖影响，觉得转行就代表着希望、追逐梦想，看别人转行似乎都轻轻松松，顺便薪资都能翻个好几倍，但实际上这些故事里大部分是幸存者偏差，成功案例被放大了一万倍后反复提起。所以好多人天天嚷着要转行，如果仅仅是一头热，没有了解清楚就一头扎进去，到头来却发现和当初想象得不一样，幻想破灭，处境尴尬。

如果想 30 岁转行，面临的风险和成本要比刚毕业时高出不少。因此，当你有了转行的念头时，看完本节之后综合考量一下再做决定也不迟。

转行前的准备

（1）转行前最重要的事，先问自己以下几个问题：

· 我为什么想要转行？

· 什么触发了我这一念头？

· 我期望通过转行获得什么？

· 我现在的工作做得如何，是遇到瓶颈想要回避困难，还是我真正热爱另外一件事情？

· 当我了解了之后还热爱吗？

为什么跳槽通常会有 30% 的薪资涨幅？因为跳槽有风险，这部分涨幅一定程度上是支付你为此付出的风险。要看职位是不是坑、老板合不合、公司文化是不是适应，假设真的不适应，出于履历着想，也要尽量待满一段时间，让履历不要那么难看。跳槽尚且如此，转行面对的风险就更大，是不是要更慎重？当然，除非你完全不在乎履历。

梳理这几个问题，对做出理性决策很有帮助。与众多咨询者沟通过后，我发现回避困难的情况不在少数。其实我也曾想过转行，前几年我看一个朋友做英语考试培训做得不错，收入也高，就和朋友开玩笑说要转行。朋友很认真，给我列出了这个行业的一些优劣势，我看了信息之后觉得和我想象中的有点不一样，立马打消了念头。

所以当有读者和我说想要转行时，我便问对方，你知道你想做的这个职位，一天的工作大概都包括哪些内容吗？你有了解过吗？当对方支支吾吾不是很清楚的时候，我一般都会劝对方做更多的功课；也有遇到非常了解，已经做了很多功课的，这种情况才是真的做好了准备。

（2）转行跨度小，相对容易。但是技能类的工作，有技能门槛。

这个比较好理解，如果是以前有所接触的，比如一个供应链中的上下游，或者和一个职位常常打交道的其他职位，因为以前都有所了解，所以转行不会那么困难。我在第二章中提到的从咨询行业转行到互联网的A君，虽然没实际做过有关互联网的项目，但也有一些了解。而技能类的职位是有门槛的，比如运营转设计，这个以前即使你打过交道，也了解一些行情，但是你转还是不转，技能门槛就摆在那里。

（3）给自己留足时间提前了解，学习技能，拿出成果证明。

转行前，还是要做足功课，留足时间提前了解目标职位的一些基本情况，比如工作日常是怎样的，工作内容是什么，主要工作指标是什么。

技能类的，要提前花时间学习和练习，培训班、自学都可以，最好可以拿出成果证明，比如利用业余时间学习考取相应的证书，或者是有可以拿出手的作品，即使不作为正式的工作也可以做兼职或是副业。

这有两点好处：一方面为求职做准备，一方面也是看自己是真心愿意做，还是一时兴起。如果你跨过了这关，那转行的准备也就差不多完成了。

转行的求职准备和注意事项

（1）简历、面试要瞄准目标职位，不能用惯性思维。

想要转行，迈出求职这一步很重要，但不少人会说，我投了简历，但因为转行，几乎没有什么面试机会；或者，我拿到了面试机会，但没有行业经验，几乎没收到什么录用通知。但你有没有想过，很有可能是你的简历和面试方法用了惯性思维的方式却让“转行”背了锅？

我看过不少想要转行的咨询者的简历，很多都不合格，因为大家都习惯性地罗列出自己过去的工作经历，却期望通过这样的简历拿到面试机会。假设一直走技术路线想找管理的岗位，而我作为面试官却收到的是一份罗列了许多技术术语的简历，并没有突出管理方面的经历，我会给对方面试机会吗？也许吧，但很勉强。我会觉得对方应该是想要继续做，或者更适合继续做技术，只是顺便或者批量投了这个管理职位而已。但假设简历修改只保留适当的术语，着重写自己怎样协调大家做成了一个技术项目，我就会对其大为改观。侧重点不同，传达的意思就完全不一样了。

因此，转行的简历一定要跳出惯性思维，拿着目标职位的说明和要求，一条条去看简历是否可以在经历中体现。面试也是一样的方法，如果有人让你去面试了，那说明简历问题没那么大，对方对相关经验也是降低了预期，这种情况下失败，可能更多问题出在你面试的过程上。

（2）不要裸辞，先测试转行的可行性，再逐步切换。

裸辞之后再求职，你的心态，HR对你的态度，都是不一样的。空窗期越长，自己就越被动，更不要提转行了，因此裸辞转行风险更大。所以多用业余时间做一些尝试，先看一下可行性，这样船小好调头，发现不对再改还是来得及的。比如案例中的B君，完全可以先代入兼职设计师的情况，看自己是否能适应设计的工作节奏，再做打算，从而循序渐进，逐步切换。

（3）做好短期之内降薪的准备。

转行最好的情况是，你以前的工作经验能够为你做加法，而不是从零开始积累。但不是每一种转行都能遇到这样的情况，总有些时候，需要接受短期之内薪水不变，甚至比以前还要低的情况。

这就是为什么开头我提到，第一件也是最重要的事就是问清楚自己那些方向性的问题。因为问清楚之后，你做出的选择是经过深思熟虑的，当遇到需要降薪的情况，你知道自己转行是为了什么样的长远目标，就不会反复纠结怀疑眼前的问题，至少会降低这方面的焦虑。有时候下降一点重心，是为了能够跳得更高。无论如何，一定要先清楚自己未来的目标。

（4）求职可以拓宽思路，比如扩大人脉。

转行求职可能不会那么顺利，所以可以拓宽下思路，寻求目标职位相关朋友的帮助，比如给自己一些准备工作上的建议，或者是如果有合适的机会请对方帮忙留意。当然，不是要等到真要求职的时候再去结识人脉，最好是可以提前几个月就多参加一些行业活动，结交一些朋友。

（5）曲线救国法：读 MBA 或者在职研究生。

如果你想转行的职位跨度比较大，或者是要求更高，在时间、成本都允许的情况下，可以通过学历充电的方式实现。这样无论是转行的准备，还是转行的理由都更加充分，企业也更容易接受。但也要做好相应的思想准备，即使 MBA 毕业之后，市场上伸出橄榄枝的职位可能还会是以前相似的职位。MBA 不是万能钥匙，需要自己衡量投入产出比。

之所以选这两个转行的故事作为案例，是因为它们很真实也很典型，其中一些细节，也是大多数人想要转行的时候会真正面临的。以上是我所能想到的一些建议和注意事项，希望对想要转行的人有所帮助。

围城内外，应该如何抉择

现在都说 35 岁会出现职业生涯危机，所以越来越多的年轻人在一开始，就选择进入体制内。体制内的薪水可能略低，但是胜在稳定。有读者留言："当年拼命考进体制内，觉得体制外太可怕，需要承担更多风险。但进了体制后，又想去外边的世界看看。"我身边也有一些在体制内工作的朋友，他们也有这方面的烦恼，于是来和我聊自己的情况，想听听我的想法。

朋友 A，名校海归，在知名国企做人力资源方面的工作，刚工作没多久，便得到了领导和同事的认可，看上去前途一片大好。但她有自己的想法，有自己想做的事情，觉得在现在的单位无法施展，所以准备跳槽。她做了充足的准备，对想去的公司、想担任的职位、想做的事情、未来的发展都做了一些计划。虽然她找我咨询，但我觉得对于不同选项的利弊，她已经考虑得很周全了，所以我只是补充了一些建议。

朋友 B，学历背景也很好，在体制内做基层工作已经挺长一段时间了，年龄 30 有余。一直在体制内工作也挺好的，但内心总是会冒出"想看看外面的世界"的念头，也有自己心仪的职位，想着趁自己还年轻拼一把。在我们聊天的过程中，我感到她内心其实也很纠结，而且她其实对体制外的工作并没有太多了解，甚至有点理想化。综合她的情况，我不太建议她换工作，因此罗列了一些行动建议，一方面让她多做一些功课了解真实的情况，另一方面帮助她在不跳出去的选项中寻求更优解。

为什么对朋友A，我没有太劝阻对方；对朋友B，却要劝阻对方呢？因为我觉得，体制还是非体制，这两个选项本身并没有好坏之分，主要还是看每个人的性格、意愿、优势以及对未来的期许，能够找到适合自己的那个位置才是最重要的。

周国平老师曾说："我相信，每一个人降生到这个世界上来，一定有一个对于他最合宜的位置，这个位置仿佛是在他降生时就给他准备了的，只等他有一天来认领……每一个人的禀赋都是独特的，由此决定了能使其禀赋和价值得到最佳实现的那个位置也必然是独特的。"找到合适的位置，比找到那个人人都羡慕的位置更重要，毕竟职业生涯的时间占据了人生相当大的一部分。

什么样的人才是适合或者已经准备好了可以跳出围城的人？我观察身边做出这样的选择之后，仍然游刃有余的人，发现他们都有这样的一些特点：

1. 过去积累的资源，可以在别的地方变现，并且擅长整合资源

这个资源，可以是"信息差"，也可以是结识的人脉。我有个朋友以前在国企里做和教育相关的事情，后来他出来创业，对各个地方高校的情况都有一些大致的了解，并且也有不少认识的人，创业的过程就是这些资源的整合。很多人也因为平台的缘故结识了不少人脉，但要分清哪些是离开这个平台就不起作用的，哪些是还可以互相借势的。

2. 自己的选择能够自己做，不轻易受他人影响，更看重追求内心真正想要的

没有遭遇过重大事件，人的性格是很难一下就完全转变的，过去的经历有时候恰恰能说明一个人的性格。有位咨询者本身不是风险偏好型，但是接到了薪资还不错的录用通知，就想要跳出国企。我给对方分析了一下薪资构成，虽然看上去拿到的很多，但却有一些额外的条件：比如股票归属时间、绩效考核排名、工作时长。而对方看到这些后就开始变得犹豫，也侧面反映出其功课做得并不是很好。

还有的人，从小到大一直都听父母的话，选择了稳妥的职业路线，自己也没有怎么独立做出过选择，其实这种情况并不适合贸然辞职、换工作。

至于“更看重追求内心真正想要的”这一点，比如一个人到了天天被催婚的年纪，有一个家庭、个人、教育、收入条件各方面都很“适合结婚”的人出现，但就是没有感觉，如果是你，你会接受吗？很看重内心真正想要的人，是无法欺骗自己，向现实妥协的。

3. 对国企之外的行业、市场环境做过不少功课，有着清晰客观的了解

还有一些人，他们虽然有想要“跳出来”的想法，但“身体却很诚实”，并没有主动做功课去了解。他们的想法比较单纯，而且抱有这类想法的人可能还不在少数：

· 现有的工作无法得到学习成长，“跳出去”之后我能成长得很快。

· 现有的生活无聊单调，“跳出去”之后每天都能过得很充实。

· 我在外边更公平的环境，一定能有很多机会升职加薪。

……

通常情况下，如果在当前的工作中看不到一点儿成长的机会，或者是无法找到充实生活方式的人，不管去哪里这个问题也不会得到解决。工作就只是工作，不要因为自己缺乏主动性和规划性就让它背锅。那么，什么样是功课做足了的表现呢？网上查过相关的职位要求、薪资待遇；和朋友打听了解过工作内容、工作状态；权衡分析过自己当下和未来的发展、机遇和风险等。这些是“跳出去”前要做好的第一步。能够自己主动做完这些的人，心态上起码已经准备得差不多了。

4. 能够对自己的得失有一个大概的心理预期，知道自己是在追求什么，需要放弃什么

跳槽当然是有成本的，从“铁饭碗”跳出来，成本可能更高一点，而且这个成本也不一定是经济账，可能是“健康”，可能是“可支配时间”，也有可能是“家庭分工”。因此，我们要事先考虑好成本是否能接受，要不要画底线，底线是什么，触碰了怎么办。有了心理预期，至少不会在遇到一些意外状况时三天两头后悔，以便能够更快地从不良情绪中摆脱，更积极主动地寻求解决方案。

还是之前那句话，选项本身没有好坏之分，重要的是要找到适合自己的那个位置。希望大家都能找到属于自己的那个独一无二的位置。

不在体制内，如何应对 35 岁职业危机

体制外的人要面对很现实的问题：年轻时候的高薪，是对中年后失业风险的补偿。而这个失业风险的年龄线，似乎越来越提前了。以前，大家可能还在讨论，公司里 40 岁以上的人都去哪儿了，但现在，这个年龄线变成了 35 岁。这种变化大体是因为一些头部公司不成文的招聘偏好：如果

35 岁工作上还没有一定的积累或者到达某一个层级，比如管理层，那这个人得到的面试机会就会少一些。

很多人为此感到深深焦虑，如果不在体制内，要怎样打破 35 岁职业危机？如何规划未来？

有个词叫作 VUCA，是 volatility（易变性）、uncertainty（不确定性）、complexity（复杂性）、ambiguity（模糊性）的缩写。我们现在面临的就是 VUCA 时代，以前每隔几十年才会有翻天覆地的变化，现在可能五年就会有很大的变化。想想五年前，外卖都还没这么多选择呢！

我曾看过一组数据，有一个有意思的说法，我们爷爷辈的那代人，他们一辈子职业生涯换工作的次数，平均只有一两回；到父辈，是三四回；但是到 80 后，可能要换十多回，更不要说 90 后和 00 后了。既然这是时代的趋势，唯一不变的就是变化，那太过焦虑也无济于事。我们可以反过来思考，在这种未来变化不确定的情况下，我们能做的就是抓住一些确定性。那么，有哪些确定性呢？

1. 做好现在手上的事情，尽量做扎实的专业积累，拉长职业生涯

职级越高，职场生涯年限就越长，这个很好理解：如果 35 岁还没有任何积累的员工，工作能力就会很快被 20 多岁的人赶上，职业危机其实更严峻一些。级别越高的人，职业生涯相对来说就越长一些。我观察过身边很多优秀的人，他们在 40 岁仍然还能找到比较好的工作。打破 35 岁职业危机，最重要的一条就是，尽可能在 35 岁前做更多的积累，包括但不限于：

· 工作方面做更有含金量的项目。

· 通过分享、观点输出，持续发声，在领域内打造个人品牌；可以选择一个细分的领域深耕，比如有人就专注研究流量，有人专注社交媒体。

· 有意识地积累一些资源，如媒体资源、市场合作资源。

· 积累管理经验，即使没有当过主管或者经理，也最好能在一两个项目上作为核心的项目管理者或者推动人员，这在某种意义上也是一种管理经验。

另外，做职业切换时，不一定是完全断掉的，最好是有内在延续性的，选择一些能够用到你之前经验的事情，比如以前工作的上游或者下游的合作岗位。

2. 如果不满足于现在做的事情，就要根据自己的个人技能、兴趣出发，寻找开拓下一个几十年你可能感兴趣的方

向，为以后切换到这个领域做好准备

盘点一下个人技能。比如设计、会计、语言，都可以算是一门吃饭的手艺。如果思来想去没有任何一技之长，也可以结合自己的兴趣爱好去发展，比如摄影、做PPT、烘焙、画插画、写作、健身等等。总之，只要是自己想要发展的技能就一定要认真对待，并且坚持下去。

3. 有持续的好奇心、终身学习

即使是律师、医生这样一些我们传统上认为能越来越值钱的职业，也需要跟随时代变化学习和调整，持续的好奇心和终身学习的观念将成为VUCA时代的强大竞争力。有人可能会觉得在35岁学一门新技能或者新语言没有必要，但2019年我国的人均预期寿命已经达到77.3岁（《2019年我国卫生健康事业发展统计公报》，国家卫健委），从长远的发展角度来看，40岁才只过了人生的一半而已，如果40岁新学习一样技能，用上三四十年，也是一件很划算的事。更何况35岁呢?

4. 做好财富积累，在青壮年时期，多赚钱攒钱，对冲后面可能遭遇的中年失业风险

即使学理财，也要有第一桶金，所以提高工作能力，其实是最容易做的一件事了。另外，要有积蓄，理性消费，学习理财。通过理财实现财富自由很难，但是学习了跑赢通货膨胀，靠复利积累，对抗未来失业风险的能力也能提升一大截。不过要注意的是，理财之前，先把家庭保障做了，有什么意外还能兜底，不至于一夜返贫。

最后，和大家分享一下 35 岁以上的职场人去了哪儿。我也总结了一下周围人的情况，大概如下：①继续在头部企业做管理层；②去节奏慢一点的外企缓一缓，回头再战；③去中小企业，降维分享经验也不错；④想办法进体制内企业；⑤进入平均年龄偏大的行业，比如医疗；⑥用以前工作上积累的资源创业；⑦用之前积累的副业做自由职业；⑧退休，专职研究投资。

诸多选择，总有一种适合你。要相信办法总比问题多，尽早建立以五年、十年为单位的职业生涯思考意识，以助你更加从容地度过 35 岁职业危机。

职场技能篇

第三章 高效工作：向无效加班说不

三个案例帮你自查：什么导致了低效

产品经理小王需要常常和公司不同部门的同事开会，推进工作进展。工作中，时不时就会有同事过来找他沟通，他就不得不放下手中的工作，等到晚上别人下班了再接着忙。他感到很辛苦，但是又觉得自己的工作性质就是如此，所以没办法。

人力资源专员小李行动力强，做事迅速，但常常会忘了这、漏了那。被老板说了之后，下次还是会出现类似的问题。虽然老板很欣赏小李的执行力，但每次把重要的任务交给他时心里还是会掂量一下。

小张是互联网运营经理，她负责一个新项目，项目的定位是如何利用这个项目发掘更多新客户。为了拓展思路，她召集了同事们开会，会上大家讨论得很热烈，但会议结束之后，小张发现在发掘新客户这个话题上并没有进行深入的讨论，而是大量阐述了怎么增加老客的复购率。小张对着项目计划书一筹莫展，考虑着是否要召集大家重新开会。

你在这三个案例中，是不是看到了一些熟悉的影子？小王工作中花费的时间不少，但把时间安排的主动权交到了别人手上，心态上被动等待着别人安排自己的工作。小李的工作能力还不错，但是工作产出不是那么稳定。小张则是做事目标不明确，南辕北辙，常常需要返工。

我们所说的“高效工作”到底指的是什么？很多时候我们会觉得“高效”就是合理安排时间，但更深一层的意思其实是：工作产出质量高，且切合目的。常见的一些低效原因可能会是：

· 花费时间多：时间安排不合理，中途频繁被打断，工作效率低。

· 质量不稳定：没考虑清楚，有所遗漏，每次凭经验和感觉做事。

· 南辕北辙：意图理解错误，忽略目标，重复劳动，造成资源和精力浪费。

低效既是结果，也是过程中的表现。如果想要达到高效，我们可以针对以上这几种原因，更积极主动地进行过程管理。比如，花费时间多，那就更积极主动地管理和安排时间，减少被动心态；工作产出不稳定，可以从流程上把控；做事南辕北辙，就需要提前理清任务目标，牢记目标和做事方向。接下来，我们就针对这三个造成低效的原因，逐一寻求破解方法。

工作中怎样积极安排时间

前文提到了产品经理小王的例子，小王性格很好，很愿意配合别人的工作，所以只要有同事过来找他沟通，他就先放下手中的活，沟通完了再继续之前的工作。

小王觉得，自己的工作就是要协调业务部门和技术部门，所以自己对时间没有掌控权。和小王类似的，还有一些普通员工，他们会觉得，只有做了主管或者经理才能决定和安排自己的时间。否则，即使自己安排得很好，但领导临时组织会议或者安排工作，就没法按自己的计划进行了，那干脆不安排自己的时间了，费那个劲做什么呢？

这种被动的心态无处不在，我常会听到读者有这样的反馈：“团队需要做的某部分工作，不是我擅长的，也不是我喜欢做的；分配给我的工作，我能够胜任但对我能力提升没有帮助；领导风格就是如此，即使我去沟通可能也无法解决我的问题；团队同事也是那样的情况，即使我想去影响可能也带动不起来……”

风靡全球几十年的《高效能人士的七个习惯》（*The 7 Habits of Highty Effective people*）中第一条就是积极主动，思维是我们自身基于周围世界的反应，用以指导我们的行为。如果在职场中以这种“觉得自己什么也做不了”的基调指导工作，就很容易产生一种对周遭事物的无力感，甚至自暴自弃。对于一个积极主动的人来说，是自己在选择怎样看待这个世界，自己才是职业生涯的主人。即使是基层员工，也仍然能够对一小部分事情拥有自主掌控权，可以先从这种小事入手，建立起积极主动的思维。比如自主掌控的比例没有 50%，那能否有 20% 呢？不要放弃自己对日程和时间的安排。

让工作更高效的方法和技巧很多，相信每个人都能说上一些，这里主要说四条指导原则。

1. 通过沟通，留出整块时间

举个例子，程序员 A 和 B 的工作内容差不多。A 习惯于早上十一点到公司，收收邮件，差不多就该吃午饭了。吃完午饭之后短暂休息，下午两点多进入工作状态，但总是有人来打扰。直到五点，才终于有时间做自己的事情，最后忙到晚上十点回去。B 习惯早上九点半到，因为其他人都像 A 一样上午到公司时比较晚，所以上午得以安静做事。把自己能把控的沟通和会议，尽量都调整到下午四点以后，晚饭后再专注工作一段时间，七八点钟回去。一天算下来，其实 A 和 B 的工作时间差不多，但是 B 利用了其他人还没开工的时间，所以有效专注的时间更长一些。

2. 借助他力，授权下属或实习生

如果成为主管，开始带下属或者实习生时，要学会借助他们的力量完成工作。有三个注意事项，第一，要明确告诉对方期望的结果和时间，在信息可分享的情况下尽量清楚地交代背景和目的；第二，内心要有一个工作完成时间和对对方能力预计完成时间的评估，比如三天完成的工作，可以留出四天，给自己留一点时间去检查工作结果，以便及时做出调整；第三，要分清事情的轻重缓急，重要的、紧急的事情，优先找比较熟悉的同事做，把简单的事留给新手用来锻炼和学习。

3. 流程优化，自动化和工具化的意识

流程优化，把看似无法再优化的工作，通过把流程步骤

一步步列出来，逐一去寻找其中的机会点，是制胜的法宝。举个例子，写周报，主要包括三步：写总结、查数据、分析数据，可以逐个看其中是否还有空间，比如查数据这一步时间花费在哪里，是数据量大表格打开慢？还是查询完成后下载数据慢？如果能够精简数据量，或者一个人下载之后把这些数据分享到组里其他人无须再次查询下载，就完成了一次简化。

越是带团队，这种优化工作的机会就越多，这项技能就越重要。一个人可能只减少了10分钟，但对于一个团队来说，整合资源、简化流程，就能减少1个小时，大大提高效率。这两年Excel或者Python技能盛行，大家都是看中了它们能够自动化执行一些重复动作这一点。快速统一命名大量文件、重复填写表单等这些网上一些现成的小工具，不必专门找一本书从头学起，工作中遇到具体情况在网上搜寻，有针对性地练习。或者是学会借助他人的力量，预估能够节省下的人力，如果预估影响比较大，可以提交需求给专门的部门和同事开发内部工具。

4. 专注，提高单位时间利用效率

一些常用的方式大家都耳熟能详，比如上文提到的程序员B留出整块时间专注工作；比如专注时，关掉邮件和手机

推送，定时集中查看……另外，不在任务之间频繁切换，否则会增加大脑的疲劳感。我每次感到烦躁，需要集中注意力时，屡试不爽的方式是戴上耳机，打开手机应用播放白噪音或者下雨天的声音，便能立刻进入专注状态。后文会有一节专门展开写专注力，这里就不赘述了。

巧用工作流程，结果尽在掌握

一个朋友，刚开始带团队没多久，有次聊天中提到，下属很有责任心但总是粗心大意，隔三岔五就能检查出其工作有误。朋友不敢掉以轻心，每项工作仔细检查，把自己搞得很累。朋友问我：有没有什么好的方法能帮下属改掉这个坏习惯，变得更加认真？

我笑了，一个人这么多年的坏习惯，岂是你多劝几句“要认真点”就能改变的？工作中遇到这种情况，我们不要指望对方能改变个性、习惯，但是我们完全可以通过设置一些合理的工作流程，让对方采用，以保证工作质量。

比如，能够把现在的工作分解成几步？下属在哪个部分出错的地方多一些？关键步骤是什么？需要在哪一步增加一个他人审核或者检查的环节？让下属自己去捋清这些，一方面能够调动对方的积极性，避免时间久了令他养成依赖他人的习惯，另一方面通过总结调整，也能够提高对方的工作能力。而作为主管，你把这件事授权给对方做之后，确保对方遵循这个流程或者清单去做，没有遗漏，然后自己定期抽查工作。这样，即使带多人团队也能忙得过来。

这就是利用工作流程的一个例子。在本章开头，还提到了一个造成低效工作的例子，是由于做事考虑得不够清楚，或者每次只是凭经验和感觉做事，从而导致工作质量不够稳定，常常有所遗漏。这里推荐一个经典的工具—— PDCA 循环，帮忙解决此类问题。

PDCA 循环是美国质量管理专家沃特·阿曼德·休哈特（Walter A. Shewhart）首先提出的，由威廉·爱德华兹·戴明（William Edwards Deming）采纳、宣传、普及，所以也称作戴明环（图 3-1）。PDCA 分为计划（Plan）、执行（Do）、检查（Check）、处理（Action）四个阶段，把各项工作列出计划、计划实施、检查实施效果，然后将成功的纳入标准，在下一循环去解决发现的问题，是质量管理的基本方法。这四个阶段可以周而复始地进行，先总结失败的教训，留下好的经验复用，然后把控并优化工作。每一个阶段要做的具体事项如下图：

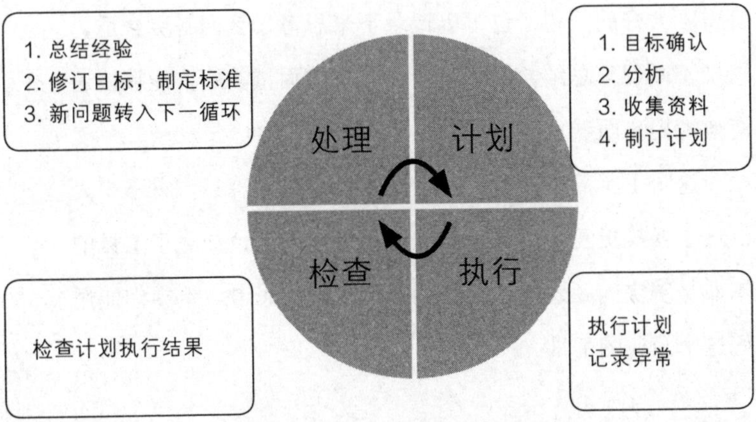

图 3-1　PDCA 循环（戴明环）

举一个跨部门协作的例子。在计划阶段，确认好工作几个阶段的划分，每部分的时间，涉及的部门需要分别完成什么样的事情，顺序如何，关键点在哪里，都要了然于胸。执行计划时，对于一些临时出现的状况做好记录，及时补充到总结里。之后拉数据写报告，看这次比之前更好了还是没有超越以前，好是因为什么，不好是因为什么？做得好的地方，出问题的地方，在下一次跨部门工作中复用和改进。

不仅工作，求职也可以采用这个方法。可以先确认自己想去的几个方向，了解岗位信息，分析自己过去的经历和特点，制订一个大致的求职计划。在面试的过程中，根据面试官和猎头的反馈，比如觉得你更适合哪个方向，包括一些回答得不太好的问题，也可以记录下来思考怎么回答更合适，这样不断调整总结，不会浪费每一次的面试实践，能够快速有效地提高面试水平。

这个工具简单，但工作中把它用好并不容易。有不少人沉迷于寻找更复杂、更炫酷的流程管理工具，却忘了工具的本质是解决问题，好的工具能够让人聚焦思考。希望你能用好这个经典的工具。

直线距离最短，切忌南辕北辙

以下两个团队有着完全不同的工作风格：

第一种工作风格的团队，接到客户需求之后，一共十周的项目，第一周就开始动手做。做到一半的时候，发现有些细节客户之前没想清楚，团队也没沟通清楚，于是修修补补，来来回回沟通，最终勉强按时完成。

第二种工作风格的团队，接到客户需求之后，十周的项目，花了将近一半的时间在沟通上，反复和客户沟通确认客户需求，团队内部也反复沟通确保正确理解了客户的意思。第六周才正式开始动手做，但是没有大的返工，最后顺利完成。

工作中，很多时候我们为了节省时间，往往直接撸起袖子加油干。这种精神值得鼓励的同时，也要关注到目标是否能指引我们做事的方向。如果目标没有分享给团队，标准也没有讲清楚，那团队无疑是蒙着眼睛在干活，每个人按照自己的理解想当然工作，就很容易出现目标偏差以及返工。本章开篇案例中的小张，开会的时候忘记了目标，不得不重新组织会议；刚工作的“职场小白”，老板交代任务的时候不好意思或者不敢多过问，结果快做完了给老板看发现老板完全不是这个意思，这样的工作很难说是高效的。

所以确定目标、牢记目标和标准，确保上下级、整个团队理解一致，再采取行动，能够尽可能减少由于目标偏差带来的额外工作和时间耗损。就像上文中提到的第二种工作风格的团队，虽然看上去前面的讨论时间略多，但他们找到了最根本的问题和症结，此时再做就会更高效。

我曾和一位产品经理合作推进一个项目。某次需要做一个功能方面的改动，我说这个改动方案要给领导和合作部门过目一下。她说：“咱们这样的小团队，不要那么复杂，你看着出一个方案，我找技术把那个改了就行，省得一轮一轮的浪费时间。”我有些不同看法：“虽然有的功能我同意这么做，但这个功能涉及的人员比较多，找他们过目不是浪费时间，恰恰是节省时间。这件事如果其他人不知道，我们单方面这么去改动了，有人可能会跳出来指手画脚，非要等到那个时候再修改返工，不如我们事先把方案给各方看一下。一方面能够避免返工，汇总大家的意见，如果还有我们没有想到的，通过这样的方式也能降低风险。另一方面通过这种沟通，你会知道别人的顾虑在哪里，把握别人的反馈走向，下次就可以提前准备，大家会磨合得更好。”在此之前，她曾因缺乏和团队沟通实施方案，造成了一些问题，经过不断磨合，她也改变了一些之前的想法，更多地和团队沟通目标和标准，整个项目进展得越来越顺畅。

当然，很多时候，我们刚开始做一件事情时，目标是明确的，但当工作具体展开时，就会陷入一些细枝末节里，忘记了整个大目标。所以除了明确目标之外，我们还需要在分解任务的时候，根据目标设定优先级，每项任务的优先级可以参考两个维度：重要性和可解决度。我们以它们为基准画一个坐标轴，得到四个象限（图 3-2）。

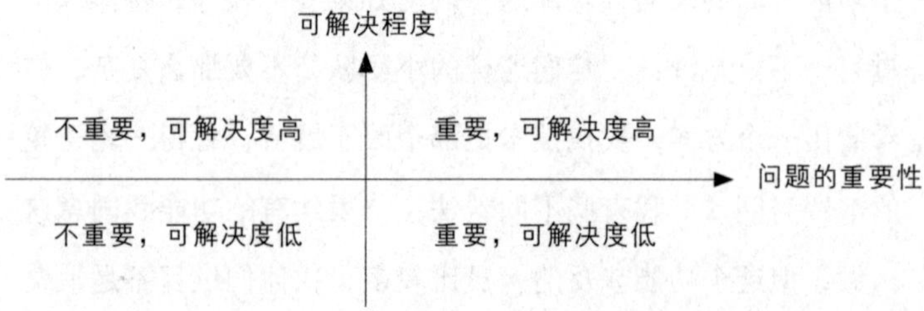

图 3-2 划分工作任务的四个象限

对于左上象限的事情，不重要但是容易解决，可以花比较少的时间快速解决或者授权他人解决。整个右象限是我们需要更多关注的：右上象限，重要且能够解决，我们要做好，精进；右下象限，可以通过寻求他人帮助，提升个人能力解决，但要视情况而定，有时候可能需要时间或者是成熟的条件，如果短期不具备却紧盯着这个部分，可能会使自己的积极性和信心受挫。举个例子，小王刚毕业工作，想依靠自己的能力买房，这件事重不重要？重要，但当下不那么容易解决，要靠更多的时间经验积累。所以小王可以更多地关注自己可以解决的部分，比如持续提高个人职场工作能力，获得更好的工作和收入，做好资金规划和理财。

在分解工作任务时，用这样的方式去划分每一项任务，就会更清晰。我曾经接手一个新项目，每天会思考很多件事情：比如怎么制定方案和工作计划，怎么和同事沟通合作，工作量这么多怎么完成，究竟怎样提高工作能力，什么时候能让这个项目达标，等等。要做的事情和思考的事情每天充斥着头脑，有点信息过载，大脑觉得疲惫，但如果用这个工具去切分，就明朗多了：

不那么重要但是容易解决的事情，梳理出来给实习生做一些培训交给他们完成；重要且我也可以解决的事情，是推进方案执行，和不同部门同事协作的部分；重要但当下我不太容易解决的、需要我思考的事比如怎么样提高我的工作能力以及什么时候能让项目达标等等，我可以做的事情有一部分是寻求老板的建议如何把握方向，其他的就是踏实做事积累经验。这样能够把我的精力和关注重点放在我可以做的那些重要的事情方面，而不是让过多长期的、短期的、复杂的、容易的事情全部盘踞脑海，占用大脑空间。

很多人产生的职场焦虑，往往是过多地把精力放在右下象限而不是右上象限。比如我接触过一些刚工作的朋友，他们因为工作时间很短，现有的工作都还没有出成绩，工作职责范围比较小，工作中也还没有机会去接触别的事情，在这个时候过早地焦虑，并不利于我们解决问题。这里不是说对于重要的问题我们不去思考，逃避问题，而是要看到自己目前的能力圈在哪里，对于现阶段暂时无法解决的问题，花过多的时间思考，只会徒增焦虑。

多关注右上象限的事情，避免花过多的时间在右下象限，把当下解决不了的事情，转化、拆解为一系列可以采取的行动，或许某天你会发现伴随能力圈的扩大，曾经右下象限的问题也能解决了。比如刚毕业买不起房子，每天关注也解决不了，可以把问题转化为可采取的行动，包括：踏实工作，提高工作能力，升职加薪或者创业、学习理财等，把可以考虑的几个方向都列出来，然后分别做功课，做一个适合自己的可行性分析方案，做好选择、行动并坚持，能力圈扩大之后发现之前的问题已经能解决了（右上象限）。很多时候，我们的苦恼在于，一直在想问题，但没有行动。有了行动，也许短期内无法完全解决问题，但也是朝可解决的方向迈进了一步。关注右上象限其实就是关注行动。

最后一个防止目标偏差的要点就是，定期回顾，查看进度和其中可能存在的风险。比如上文说的“职场小白”接到了工作，快做完了才发现和老板的想法不一样，如果在做的过程中分阶段给老板过目，双方就能早发现目标偏差，早做出修改。

总结一下，前期和团队确定目标和标准，在分解任务时根据目标设定每项任务的重要性和优先级，推进过程中定期回顾进度，能够避免南辕北辙，在工作后期更多的返工和时间消耗。正所谓磨刀不误砍柴工，要想高效工作，别省略这些步骤。

收下这份工作检查清单

前面分享了如何高效工作的方法，这篇总结了一份工作检查清单和一张项目管理追踪表（表3-1），供大家直接使用。

清单按照工作周期列出如下：

1. 工作前

· 澄清问题，通过提问目标、背景获取信息。

· 花时间思考，有什么已有的资源可以利用：书、之前的文档、负责人、同行、专家。

· 制订计划：PDCA 循环。

2. 工作中

· 问题本身：重要性和可解决的程度。

· 时间分配和注意力。

· 利用工具帮助管理和追踪表现。

3. 工作收尾

· 怎样衡量是否成功？

· 从这件事中获得的经验教训总结。

· 这过程中哪些部分可以复用：项目管理和追踪表，项目检查清单。

事项	描述	负责人	进展（第一周）	状态	进展（第二周）	进展（第三周）
活动策划、执行	完成XX方案，执行方案	A	完成初稿	□	召集会议	
设计	完成设计工作	B	提交XX个版本	□	……	
产品	准备产品文档	C	初稿延期	△	……	
技术	完成XX功能开发	D	产品细节有待讨论	○	……	
……						

表 3-1　项目管理和追踪表（状态列用○ △ □分别表示风险、滞后、顺利）

高效工作小提示：除了表 3-1 列出的事项、进度、负责人之外，还可以把工作用到的相关资料、重要邮件也贴在同一个追踪表或者文档里，能快速找到信息和资料，也能够节省不少时间。

专注！专注！专注！

我们现在越来越离不开手机，时不时地就会翻看一下手机。集中注意力也变得越来越难，效率低下，有时候还会出现焦虑情绪。后来我了解到，它竟然有一个医学名称：注意力缺失特征（Attention Deficit Trait，简称 ADT）。

越来越多的人受到其影响，其实它既不是疾病，也不是性格缺陷，而是信息过载和任务状态下大脑超负荷运转所引起的。大家是否有过这样的经历：某天所有的事情似乎都赶到了一起，工作上出现了一个需要救火的状况，这边还没处理完，又被领导叫去开会，布置了一堆任务，忽然又接到了家里的电话，说家人生病了需要早点下班回家照顾，此时，又有其他同事来问你某项任务。这个时候的你忽然变得无所适从，脑袋似乎充斥了太多的细节，一下子不知道该做什么了。

如果总是处于这种状态，一方面人容易变得注意力涣散，缺乏耐心；另一方面工作效率也会大大下降，一天下来，身心疲惫。这就是不要在任务之间频繁切换的原因，当任务从A转到B时，注意力却没有即时转移，还有一部分残留意识在思考任务A，越频繁切换，这种残留就越大，对之后表现的影响也就越大。如果你写报告的时候，看到了一封新来的邮件，转而回复邮件，再回来写报告，这会让大脑更加疲惫，在之后的任务中表现更差。我在写文章时，需要图片的地方通常都会先标注出来，之后统一制作图表，不然写的过程中就跑去画图，来回切换就会干扰专注力，降低效率。当然，如果确实有紧急任务进线，那切换也是没办法的事情，所以，在自己可控的情况下，尽量减少主动的频繁切换。

专注力不仅能提高我们的工作效率，未来还将成为一项竞争力。《深度工作》（*Deep Work:Rules for Focused Success in a Distracted World*）一书的作者认为，知识工作者越来越多，专注越来越重要，未来会成为一种核心竞争力，因为高质量工作产出 = 时间 × 专注度。2012 年麦肯锡的一项调研发现，知识工作者平均每周有 60% 工作是进行电子沟通和网络搜索，其他工作者只有 30%。同为知识工作者，谁能够在这种现代化办公方式下有更高的专注度，谁就能产生更高质量的工作结果。

工具可以帮助我们整理思绪，但专注才是核心。在本章《工作中怎样积极安排时间》一节中，我提到了一些保持专注的方式方法，这里将着重分享如何像练习肌肉一样，锻炼提升自己的专注力。早在我的《光速成长》一书里我就提到过，时间管理不如精力管理，而集中注意力的一种有效手段就是冥想。当时是基于我自己练习瑜伽的经验，后来我在《心理学与生活》（*Psychology and Life*）中找到了理论依据。

冥想可以减缓大脑皮层神经元的损失，皮层能够保持一定的厚度。随着年龄的增长，皮层的厚度会下降（比如记忆力减退、痴呆之类的症状），而把注意力集中在内部和外部感觉的冥想活动对大脑有积极的作用。研究显示，经常冥想的受试者没有表现出大脑皮层随年龄减少的趋势。冥想能够帮助人减轻焦虑，提升专注力，并减缓相应大脑皮层的神经元的自然损失。在一个研究中，患有心脏病的妇女进行持续八周的专念冥想训练，在训练结束后，这些妇女所报告的焦虑感均比训练前低。在另一个实验中，面对外界的强刺激（电击），经过冥想训练的人的大脑杏仁核（产生情绪、识别情绪和调节情绪的地方）活跃度低于未经过冥想训练的人。

也就是说，当做一件事的时候，有冥想习惯的人对外界状况变化情绪上波动没那么大，比较稳定，而其他人会花更多的时间消化这些情绪。常练习冥想，能够增强我们的情绪掌控能力，减少负面情绪干扰，从而让我们能够更加专注。

专注力并不是天生的，它可以通过后天的练习提升。我们要像健身时关注身体每一块肌肉一样，时时关注自己近期的专注力状态，加以练习，从而让自己的专注力保持在一个比较高的水平和状态，高效工作。

第四章 沟通谈判：如何让别人听你的

沟通前，考虑清楚沟通的目的

在一次视频会议上，国外团队的某个负责人提了一个问题，他问了我一个项目里的内容。其实这个内容在每周发出的报告中都有单独的列出，他的问题实在是太基础了。而且这个报告每周都发，发了快一年了，他也在收件人中，却还问我这个基础的问题。让我感到非常讶异和不解。

再后来我也渐渐意识到，虽然他在收件人名单中，但收到邮件不代表他一定会看，看了不代表一定认真看了，我认为我沟通了，我发了邮件，但其实消息并没有触达到他，所以他并不一定接收到了。想想我们在沟通中是否常犯这样的错，以为邮件发了、说了，就是沟通，但你需要做的是确认对方接收到了信息。

我们常说，普通人在讲述完观点或者想法之后，会问对方："你明白了吗？"而情商高的人会说："我讲清楚了吗？"深究其中的区别，前者是把球抛给对方，而后者的思路是，在沟通中信息的传递者承担了沟通中的主要责任，信息的接收者如果没有接收到或没有正确理解，传递者需要用更合适的方式传递信息。

沟通，要考虑清楚沟通的目的。而传达信息，是主要目的之一。在传达信息时，我们常常注意到的是"传"，而不是"达"，忽略了接收的动作，但是传递了并不等于对方收到了，传递后确认被接收才是传达信息的关键。

沟通的第二个常见目的是要产生影响，这种影响可以是调动情绪，或者希望对方采取行动。你和别人说话、沟通，会希望对方能有反应，职场中，可能是希望对方做一件事情，或者是调动起大家的积极情绪。我们部门曾经有段时间士气低落，业务也不大好，部门领导在一次会上，没有直接说什么鼓励大家的话，而是请了高层领导给我们做了一次分享。本来以为是很普通的鼓励打气，却没想到领导给我们讲了一个发生在他自己身上的真实故事，大家逐渐停下了手中的事情，专注地听完，会议室极其安静。那次的会议，所有人都意识到，即使是看上去很成功、一帆风顺的人，也有过他人难以想象的人生低谷，从低谷中走出来的这种勇气，感染了在场的每个人。那次分享之后，我感受到的是大家充满了信心和勇气，逐渐把业务做了上去，完成了目标。

沟通是有目的的，无论是说的内容，还是表达的形式，都能够帮助达到目的。所以沟通不仅是“说什么”“怎样说”，扩展开来还有“谁来说”“何时说”。比如员工都会选老板心情好的时候再请假，或者让团队里表达比较好的同事做团队工作演示。很多时候我们都是无意识的沟通，但如果注意到了这些沟通要素，再进行沟通时，便可以有意识地运用。

沟通还有一个常见的目的是建立关系，产生良好的互动，树立双方之间的信任，等等。这时候说的内容也许不是那么重要，但是大家会考虑到对方的感受，营造友好的气氛。有的读者会和我抱怨，自己性格比较直，也不会拍马屁，看到别人主动和老板或者同事搞好关系很不屑。这种心态需要及时调整，想想在生活中，家人和朋友穿了件新衣服或剪了个新发型，我们都可能会夸赞一下，在工作中为什么不可以呢？只是因为对方是老板或者是看不惯的同事吗？如果都不想和他们建立一个良好的互动，那之后还会遇到更多沟通方面其他的问题。

以上几个常见的沟通目的，如果在沟通中注意到，有意识地进行一些调整和改变，就会对沟通效果起到显著的促进作用。如果你在工作中常受到沟通方面的困扰，不妨试试看。

“说给谁听”和“怎样说”，同等重要

如果说沟通目的是回答“为什么要沟通”，那本节就是关注沟通的“人”。职场沟通时，和人相关的主要有两个要素：第一个要素就是和沟通对象的关系，要根据亲疏远近做调整；第二个要素就是沟通对象的不同沟通风格。下面我们详细展开说一说。

和沟通对象的关系，是在讲“说给谁听”。同样一件事，我们和大老板、直接领导、下属、同事的沟通内容可能是有区别的，所以要注意详略得当。同样是汇报工作，大领导不需要知道太多细节，了解一些重点信息就够了。但和你的直接领导，就会说一些细节。比如汇报项目进度时，如果大老板没有细问，可能就只是说下整体进展到哪里了，有没有延期风险，预计什么时候能有一个差不多的方案和产品。但和直接领导，就要详细说明出现了什么问题，怎么解决的，哪个部门配合或者不太配合，会有哪些潜在的风险，等等。

没有考虑“说给谁听”，会让沟通不够顺畅和高效。有读者分享过，有次在一个会上，大老板对事无巨细的汇报方式不耐烦，打断发言，问汇报人，说这么多，你想表达什么？这个数据是这样，所以呢？和我有什么关系？你需要我帮你做什么？我也曾有一个负面例子，在一次重要项目上线前的

进度沟通会上，大老板提了一个问题，我很“诚实”地说我们现在还有这样那样的风险和问题，讲了一些细节，气氛开始有点紧张，当我说这个问题还没有完全解决但是预计能够解决时，大家才松了一口气。后来一位职场前辈在会后提醒我，首先说结论，不然这样大喘气说话会让他人紧张；其次既然问题预计能解决，在这个会上不必分享过多细节干扰大家，如果觉得有必要可以私下和直接领导沟通。

除了关系的亲疏远近，沟通对象的角色和身份也要注意到，使用沟通对象能够理解的语言会更好。比如程序员或者负责技术的同事，在和其他非技术背景的同事沟通的时候，如果大量使用术语，对方就会一头雾水。所以那些擅于运用比喻，或者会把复杂事情用别人能听懂的三言两语解释清楚的技术人员，有绝对的沟通优势。我在参加一次面试的时候，候选人做过技术招聘，她在讲自己如何招聘的时候，列了许多编程语言和自动驾驶领域的专业术语，但她当时面试的并不是这方面的岗位，面试官没有相关行业的背景知识，她输出过多的专业术语只会加大别人对她的理解难度。因此，她应该增加一些解释，说明这些术语和面试的问题有什么关系，或者如果不影响他人理解的话，尽量减少这些术语的使用。

第二个要素，沟通对象的不同沟通风格，是在讲“怎样说”。可以观察对方沟通的风格是怎样的，比如更关注整体还是更关注细节？更关注事件的来龙去脉还是更关注下一步行动？更关注人还是更关注事？更愿意主导对话的节奏还是愿意遵循对方的节奏？等等这些方面，都可以大致了解对方的沟通风格。除此之外，还有一个非常好用的辅助工具可以帮助我们进行判断——DISC工具。以下是几种不同类型人群的沟通和汇报方式：

·和D型沟通：汇报沟通的时候开门见山，有事说事；如果犯了错误，多讲讲以后怎么办，少从头到尾分析原因。

·和I型沟通：表现出对他人的热情，多点面部表情；多讲些高兴的事儿，少讲不高兴的事儿。

·和S型沟通：他们相信日久见人心，所以赢得信任会比较慢；做事靠谱，注重维系感情。

·和C型沟通：沟通汇报时做好充分的准备，准备多个方案，以防被问倒。关注细节，擅于逻辑分析，习惯于从事情的背景起因开始讲，以便了解整个框架和细节；遵守规则，不做违规的事情。

有一个很有意思的故事，我的一位朋友先后和两位领导开会，朋友当时有些感冒咳嗽，和第一位领导开会时，第一位领导并没有注意到，和第二位领导开会的时候，第二位领导不仅注意到了，还表达了关心并且帮他关掉了空调。我问他，这两位领导是不是一位偏C类型，一位偏S类型。他因为公司部门做过这方面的培训所以知道这两位领导的风格，于是惊讶地问："你怎么猜到的？"其实两位领导人都非常好，但是每个人的风格不一样，这就造成了沟通时的关注重点不同。

最后，总结一下，要做到高效沟通，我们需要注意以下几点：

1. 用对方能理解的语言沟通，避免使用过多的专业术语，陷入"知识的诅咒"。

2. 根据和一件事情有关系的程度，详略得当地分享信息。

3. 点明这件事和对方有什么关系，以及自己需要的支持。

4. 注意区分不同沟通对象的不同行事风格。

在职场中，如果我们沟通时注意到"说给谁听""怎样说"更合适，或者能够根据不同的情况和人调整自己的沟通方式，就会产生更高效、令他人更舒适的沟通效果，不仅利于工作的开展，也有助于我们维系良好的人际关系。

掌握这个结构，化解棘手的沟通难题

职场和生活中，我们总会遇到一些沟通难题，比如不好意思拒绝别人，不好意思开口寻求对方的建议或者帮助，或者不知道该怎么应对一些可能会令对方尴尬的场面。

比如我的一个好朋友，请了阿姨来做保洁，但阿姨做不到位的地方，她不好意思开口，或者开口了阿姨也没当回事。比如，阿姨习惯在床上就把孩子的纸尿裤解下来，但这样比较容易弄脏衣服，于是她建议阿姨等到卫生间给孩子清洁的时候再解开，可是阿姨却不太在意。有一次，小朋友胡乱一抓，手都弄脏了，阿姨甚至都没注意到。这让她感到有些生气，但她平时为人和善，不知道在这种情况下该怎么和阿姨沟通。我和她说，如果是我，我打算这么和阿姨聊聊：

“我是这么想的，按照您之前那个方法，不仅总弄脏衣服，宝宝的手也容易被弄脏，而且衣服脏了，您还要再洗，这很麻烦（指出事实，说明影响），所以我还是觉得应该到卫生间再解开纸尿布比较方便（表达看法）。我觉得您呢，有点听不进去我说的，但我希望您能够在一些事情上听我的。我非常需要阿姨的帮助，但现在这种方式令我很难接受。您之前的经验是很多，可是每家都有自己的习惯，我也有自己的想法，我更需要一个能够配合我的阿姨（明确沟通目的）。

您觉得咱们再磨合一阶段试试怎么样（倾听对方想法）？如果您一直坚持这样，我可能就要再找一位更合适的阿姨了（说清后果）。”

以前我也觉得处理这种情况比较为难，后来我看到《关键对话》（*Crucial Conversations: Tools for Talking When Stakes are High*）中提到的一种对话模版，觉得十分好用：列举事实描述客观现状，对方的行为造成了什么样的影响，表达自己的想法和建议，明确沟通目的，倾听对方的想法。在我多次的实践之后，我想在此基础上再补充一条，如果有必要时说清楚可能的后果引起对方的注意。比如上文中提到的，和阿姨委婉沟通过，但阿姨还是不听取建议的情况下，需要更直接地和阿姨表明自己的立场。

针对一些不好开口的事情，比如拒绝他人，给下属指出一些工作上的问题时，都可以用这种模版，它能够帮助我们开启一些比较棘手的对话。有一位职场前辈，和我提到自己曾经面对屡犯错误、表现不佳的下属时，也是采用这样的对话结构：指出对方多次犯同样的错误造成不良影响，团队比较有意见，觉得对方可能不适合做这份工作，给对方时间改进，如果还是没有起色只能请对方离开。她说：“当你带领一支队伍时，不能光考虑到这个人的面子，还要考虑到整个团队的目标，其他人的士气。如果一个人总是反复犯同样的错误，说明他没用心做，留着这样的人在团队里，别人会怎么想？学会用合适的方式沟通艰难的事情，这是管理者必修的一课。”

还有一个常见的职场棘手对话场景，是和老板沟通升职加薪。如果按照上述结构，我们可以这样沟通：“我在现在这个职位上工作几年了，绩效是什么样的，取得了什么样的成绩（指出事实，说明影响），我也有更多的职业追求（表达看法），希望能承担更多的事情，拥有更多的职责范围，能够得到升职（明确沟通目的），这次想听听您的想法或者建议，希望能得到您的帮助（倾听对方想法）。”在这个过程中，避免过多的抱怨，把方向引向解决问题的方向。

无论是作为家长，还是员工、管理者，都难免会遇到这些沟通难题。我还记得我第一次进行这种对话的时候，提前打好了草稿，又自己多练习了几遍，才顺利地把对话进行下去。现在我把这个屡试不爽的对话模版也分享给你，相信加以练习，足以帮助你应对许多棘手的场景了。

两个导致低效沟通的原因

我想先分享一件生活中发生过的事。有一天我下班回家晚，十点半到家发现孩子在哭闹，我问先生，几点喂的奶？先生说九点。按常理来看，孩子通常是两到三小时喝一次奶，而现在只间隔了一个半小时，所以我们觉得应该不是饿。但不管怎么哄，孩子还是一直在哭闹，直到尝试了各种安抚无效后，先生才试着递上奶瓶，孩子居然立刻停止了哭闹。

我有点纳闷，为什么一个半小时就饿了呢？我问先生，是九点吃的吗？先生说是九点吃完的。原来如此，因为是八点半开始吃的，所以到了十点半就会饿。时间概念不统一，导致我们的沟通有偏差。他第一次的回答，是指吃完的时间，而我理解的是开始吃的时间。

孩子喝完奶，还是一直哭闹。我们又哄了一会儿也找不到原因，我问先生，你刚才冲了多少毫升奶？先生说觉得时间间隔短，就比平时少冲了 30 毫升。那难怪了，忽然变少，肯定不行，补了 30 毫升之后，他才慢慢安静下来。我们试了不同方法，排除了各种原因，最后竟然发现只是因为我们之间没有沟通清楚。为了避免类似的情况再次发生，我和先生约定了两件事：① 澄清时间定义，以后我们说“几点吃”，都统一为开始的时间；② 如果哪一顿的剂量和平时有变化，要告知对方。

虽然是一件很小的事情，但也是有必要这样做的。因为这样可以提升沟通的效率，降低因信息不统一、信息缺失而造成的问题，比如原因误判，或者耽误时间。在更为复杂的工作中，这两种沟通方式导致的问题还少吗？

某个Boss说，我们要提高经营现状。

下属A认为，是提高销售额；

下属B认为，是提高利润率；

下属C认为，是提升客户体验留住更多客户。

……

如果是一个糊涂老板，交代任务就这么说了“目标”，配上了迷糊蛋下属ABC，也没有询问和确认这个“提高经营现状”到底是指什么，那会发生什么情况呢？三个人做了三个方案，白白浪费时间。

无论什么角色，上级、项目负责人，还是同事、下属，在分配任务、接受任务、讨论问题时，都不要想当然地“我以为大家都懂”，还是要把诸如目标、新的概念，做一下定义、确认澄清，再往下走，能提前避免很多问题。

另一点，也是工作沟通时常犯的错误，就是“不告知变化”。有次，我们写工作文档，是大家一起合写的，每个人贡献自己的那部分内容。新人小白，出于好心，看到别人的信息陈旧或者有误，就修改补充了一下，但是没告诉对方。

小白认为，发邮件时，写了“请以这份最新的文档为准”，别人就会在这个文档的基础上修改。但实际情况是，别人会存好各自的部分。“以新文档为准”，也有可能把自己的那部分原封不动粘贴一遍，这样小白的修改就又被覆盖了。想要避免这类问题的发生，就要做到上述的基本原则，“有变动就要知会对方”。

当然，还有一种更高效方便的做法，可以开启文档里的“修订”“批注”功能。这样哪怕改了个标点符号，也能追踪看到。而且多人协作时，能看到多个人的批注。很多在线协作工具也有这些功能。

澄清定义，知会变化。这两点，你在工作中做到了吗?

通过书面沟通大幅提高效率

在一次筹备新项目的电话会议上，我们与合作方讨论了许多话题，也提及许多接下来要做的事情。刚挂了电话，这边就收到了对方发过来的下一步工作的记录，标好了一二三四五和相对应的负责人，很是清晰。

在和这位负责人合作的过程中，她每次都是在一封邮件中总结出来别人需要回答的问题，或者是要做的事情，标上序号，这样大家几乎不会漏掉重要信息和回复，和她共事非常高效顺畅。

与之相对的是另一种工作风格，每封邮件回复一个问题一个点，来来回回需要很多遍才把信息沟通清楚。尤其是有的时候大家在不同国家和时区，这个不良习惯就会被放大，如果每次不能把问题列全面，那基本上到第二天才能等到答复，极大地拉低了工作效率。

书面沟通没有当面口头沟通及时，双方回复通常都需要时间，所以我认为书面沟通的第一个原则就是尽可能减少它的这种滞后性，尽可能往前多想一步，为对方多想一步，减少来回反复沟通，把思考和讨论前置。比如发文档给同事：

第一种方式：这个需求文档你有什么补充和建议吗？

第二种方式：这个需求文档有一个部分我不太确定，我已经标出来了，你看是否有补充。我的想法是这样的……你针对这一点有什么建议吗？

有时候约熟悉的朋友周末吃饭，与其一来一回讨论什么时候有空，去哪里吃饭，吃什么，不如直接说出自己的想法："周六中午或者周日中午，我们去吃个午饭吧，就选你们家边上的商场那家新开的餐厅，看你什么时候有空。"

职场书面沟通最怕的就是对方写了许多内容，却没有说清楚想法和目的，或是在邮件最后提出了需求，却与你无关，会感觉白白读了半天。所以邮件也好，报告也好，还是要将需求或者结论放在前面醒目的位置，这样不仅有助于对方理解和提高查看效率，也能够帮助别人更好地消化你想表达的信息。这是有心理学依据的，《心理学与生活》一书中写道："如果能够提前声明一个重要结论，读者就有一个框架来理解随后的信息，更能加深理解。"

此外，书面沟通如果有更重要的信息，需要二次确认，确保对方接收到了。还记得本章开头我讲过的例子吗？我固定发出去的报告，其实对方并没有真正接收到。所以如果这个信息、这件事很重要，直接去找对方，或者在会议中加以强调，确保重要信息传达无误。

最后一点，书面沟通由于缺失表情和语气，所以在措辞上需要更严谨和注意一点。比如在工作即时聊天工具上和客户沟通时，把"你有那份材料吗，可以发我吗？"打成了"你有那份材料嘛，可以发我嘛？"一字之差，让对方感觉被怠慢，造成了一些不愉快。书面沟通不像当面沟通，有时无法让别人感知原本的表情和语气，所以我们应尽量避免这方面带来的误会和不愉快。

说服他人的两大常用方法

有读者提了一个职场常见的问题：如何跟性格比较顽固的人沟通？也许这个人本意不坏，但他们常常很难接受和采纳别人的建议，有时候明明被告知极可能发生的不好后果，他们也还是坚持自己的观点。

我回复说，如果对方是同事，给出建议还是不改，那合作的时候我会注意划清工作职责和范围，以防因为对方的固执受到波及。如果涉及重要的决策，遇到这种情况就写清楚风险和影响，并和其他人员沟通，避免问题的发生。

但如果这个人是我团队里的人，我可能会尽量说服对方稍微改变一下工作方法。我会趁着哪次对方听取了别人建议的时候给予积极反馈，告诉对方如果这点能够改进，职业生涯就会发展得更好，成长也会更快。另外，我还会指出过于固执所产生的负面影响，可能会成为以后带团队时制定决策的短板，影响决策质量。最后给对方分享下具体的例子，比如哪个同事这方面做得好或者不好，对其起到示范的作用。

注意，说服他人和谈判是不同的，说服是想单方面影响对方，但是最终决定权还在对方手上；而谈判是双方相互影响，决定是双方共同做出的。所以上述的例子，因为我们无法决定对方的行为，所以只能尽可能地去影响对方，希望对方接受。

上述例子其实就是说服他人的一种方法：指出做一件事的积极影响、消极影响以及规范，从而说服他人。举另一个职场中常见的说服场景为例：小明想要说服老板给自己加薪，列举的积极影响就是自己会更努力工作；消极影响就是小明暗示老板如果做不到，自己可能会离开公司；规范指的是一些参考标准或者榜样示例，比如小明提到这个职位的市场薪酬范围是怎样的。这是小明试图单方面影响的情况，如果小明很有竞争力，在团队也是核心骨干，有更多的话语权和筹码，这种情况可能带有谈判的性质，小明希望涨薪，老板问，涨多少？这时，双方共同参与决定。当然，很多时候谈加薪的情况介于两者之间，没有那么清楚的界限，这里主要是想解释说服和谈判的区别。

除了以上方法，还有一个常用的说服方法是中心路径和外周路径。它们是社会心理学中的概念，中心路径指的是更加理性的思考，关注更多的信息和论据；外周路径则偏感性，诉诸情感。例如，历史上一些烟草广告会走外周路径，将香烟和硬汉或者愉悦的形象联系在一起，而不会提供证据支持人们吸烟。而对于一些贵的商品，人们倾向于采用中心路径，花更多时间搜集信息、做决策，比如笔记本电脑、手机广告，它们的商品详情页面上会放很多参数、性能。如何让潜在消费者更好地感知到产品性能呢？可以用外周的方式，采用跑分工具，或者制作非常精美的图片和视频，找明星代言人，和时尚或者商务感联系在一起，等等，就会让人们逐渐建立起内隐态度①。

在职场中我们要如何应用呢？举个例子，小王所在的部门要上线一款产品，产品还有一个功能没完全解决，会有客户信息泄露的隐患。小王的领导不在一线，低估了问题的重要性，决定接受风险按原计划上线，小王决定说服领导改变主意等问题修复晚几天再上线。于是小王进入领导办公室，和领导分享了自己估算的这个问题的受影响用户数量，以及潜在的金额损失对比；不仅如此，小王还分享了去年竞品公司发生的一起类似事件所造成的公关危机。这其实就是中心路径和外周路径的联合应用。

这两种方法，你掌握了吗？

---

① 内隐态度：又称为间接测量态度或自动加工态度。是个体对事物所持的积极或消极的认知、情感或反应，由不自觉的以往经验归因于以往某一确定经验引起的。

谈判前的充分准备等于成功了一半

我刚进公司不久，当时的大老板主导了一次和供应商的谈判。事后她带领团队做了一个详细的复盘，那次我得以知道，原来商务谈判中的准备工作竟然如此重要，可以说，准备工作占据了谈判成功与否的一半因素。

这篇文章里，我会把谈判中的要点穿插在这个案例中。首先，她先确定了一个谈判小组。大家分头收集信息，比如供应商的一些数据如营收规模、利润、投诉率，结合供应商的合作意愿以及在一众供应商中的表现情况，确定这个供应商对我们的重要性。这会为之后的谈判工作定下一个基调，即这次谈判需要提高到什么程度，双方的优势和劣势。还有一些其他的信息，包括供应商下一年的工作重点，在市场上和其他家的合作情况，负责人变动情况，是否有一些其他的特殊需求比如积压了一批库存需要清货，等等。

有了这些信息之后，开始梳理双方的利益点、标准、可行选项以及替代方案。其中，利益点部分尤为重要，不仅要考虑双方的共同利益是什么，还要考虑冲突利益和不同利益。共同利益要争取，冲突利益靠博弈，不同利益看是否能交换。

在这个案例中，我们希望供应商能有更优惠的价格、更长的账期以及提供更好的服务。双方的共同利益，是争取长期的、良性的合作，一起在一年内，把重点主推新品在市场上做大，大家一起做更大的蛋糕，这一点大家很有共识。冲突利益主要在价格和进货量方面，我们事先列出了几个不同的数值范围，分成了底线、可以接受、理想情况几个方面。在实际谈判中，供应商坚持不肯降价，我们在进货量方面做出了让步，最终价格到了双方都比较能接受的位置。至于不同的利益，事先列出的一些很细的利益点派上了用场，比如账期、活动补贴、服务项目等，双方又针对这些方面进行了一些让步和交换。

标准指的是一些规范、惯例、先例等，比如谈判时会提到行业惯例或者公司给的参考标准是什么。事先准备的所有可行选项，在谈判时做了置换，替代方案其实是考虑到如果谈不拢该怎么办，比如放弃这家供应商，寻求新的供应商或者在有较好合作的供应商中寻找替代，等等，这次谈判比较顺利，所以没有用上。事先的准备工作很有必要，除了这些细节梳理，还做了一些角色分配和可预见的场景演练，帮助大家热身，快速进入状态。

以上案例中的利益（Interests）、标准（Criteria）、可行选项（Options）以及替代方案（No-Agreement Alternatives），组成了ICON模型的四个要素，这种谈判理论称作原则式谈判，也称价值型谈判，强调客观公正性的原则和公平价值，寻找共同点，争取共同满意的谈判结果。这种方式最早由美国哈佛大学谈判研究中心提出，故又称哈佛谈判术。

我们可以把这个方法应用在很多谈判场景中。比如想要谈加薪，有的人会和领导说：房租涨了，在公司很久了，要结婚了，要有孩子了，经济压力大，等等，但这些都是站在自身立场上罗列的理由。如果按照这个方法事先准备，想一想你能对这个团队、这个部门的贡献；可以先从猎头那里了解一下自己做的这个方向，有几年工作经验的人大概的薪资范围，自己做的项目贡献了多少销售利润等；其他可行选项是，如果领导无法加薪，可以申请或请求参加一些培训或者重要项目，让未来的自己更有职场竞争力；替代方案就是如果谈不拢，就考虑跳槽或者更换部门；等等。

比如 HR 在和候选人进行薪资谈判时，利益是在公司给的这个范围内，找到一个性价比高的人才。标准可以是这个职位的薪资范围，过去入职的人的薪资记录，市场上有几年工作经验的人的薪资范围。其他可行选项是，申请灵活的职位预算，用福利吸引候选人。替代方案可以是考虑其他候选人或者和用人部门重新讨论职位要求。另一个例子，购车时，如果对方在价格上不肯让步，那其他可行选项可以是让对方在保险费用抵扣或者其他增值服务上给更多的优惠。替代方案可以是买该品牌的二手车或者是其他品牌等。

总之，谈判前多做准备，梳理牌面，也许能起到把一副普通的牌打得更好的效果。

实用的六个谈判技巧

如果有一项技能，我希望自己在刚工作的时候就能掌握的，那一定是谈判技能。工作中会谈判，能帮我们拿到更好的资源、更优惠的合作条款，生活中会谈判，能帮我们省下不少真金白银。

谈判技巧有很多，经过多年的反复实践，以下几条是我用得比较多的，大家可以根据自身情况选取几条适合自己的，多加练习，提高自己的实战能力。

1. 收集信息，找到精准的信息来源，减少信息不对称

即使现在网络资讯这样发达，也不是每个人都擅长筛选有用信息，遇到问题，可能大多数人第一时间想到的是搜索引擎。这样不是没有用，但得到的信息比较泛泛，需要花更多时间筛选。我在准备买车的时候，第一时间就搜索了网上所谓的砍价技巧，但得到的信息很有限——我也不懂车，如果照搬可能会因为不懂行而被忽悠，比如送一堆赠品抵扣优

惠金额。

所以精准的信息渠道很重要，直接找相应的垂直信息平台，能快速剔除许多干扰项。所以我就下载了一些卖车的App，着重看了各地网友分享的当地4S店报价和实际提车价格，以及老司机分享的选车、谈价、提车、验车的经验贴，比在搜索引擎中搜索信息高效。

类似的思路也可以用在买房、跳槽上。买房除了多踩盘考察，也可以找一些买房的课程，或是直接向行家付费咨询，避免重大决策失误，毕竟一个失误可能就白花不少钱。跳槽可以在职场社交网站上搜集相应信息，如薪资、公司文化、动向等，这样在后面的谈判中就不会轻信对方的一面之词。

2. 如果是团队多人作战谈判，事先要商量好底线

商务谈判时，往往会花许多时间准备谈判方案，主谈人是谁，可用来谈判的条件是什么，可预见的对方谈判的底牌是什么，谈判陷入僵局怎么办，底线是什么，等等。

但在生活中，团队谈判常常会因队友之间缺乏谈判经验和沟通，而使谈判陷入被动。在一次社群培训中，有人分享了一个案例：买房谈判的时候，本来自己和家人计划从50万起谈，预计对方60万大概能接受，但对方听到50万态度比较坚决，此时另一位家人就打圆场说折中一下55万吧，

结果失去了 50 到 55 万区间谈判的可能性。

我也有过类似的经历。买车时，在离家近的一家 4S 店，销售问我们，你们住附近吗？还没等我开口，先生随口就说，对啊，这家店离我们最近。他说完这句话，我就知道再砍价也没戏了。销售掌握了这个信息，会知道这种情况下我们会倾向于选择近的门店，就少了一些谈判空间。

所以如果是多人作战，一定要事先说清楚，什么是底线，什么情况下需要私下讨论；如果一个人冲动，另一个人就要负责拉回来，以及谁不会谈判，少开口；等等。

3. 拆屋效应：取其上得其中，取其中得其下

我有个同事很擅长谈判，我观察过她谈判的技巧，发现她很擅长使用“拆屋效应”。无论她的项目情况怎么样，她都会开口要最好的资源。对方可能会觉得不可理喻，但因为心理预期和锚点的改变，她最后得到的资源都比她本来应拿到的好很多。

我们谈判的时候，也可以提一个自己心里都打鼓的价格，然后再一点点往上加。对方只要有空间，就会继续坐在谈判桌前和你谈。比如我买车的时候，第一次提出的价格让销售脸都绿了，在之后的几轮谈判中，我提到了其他门店给我的报价，表示我并不着急，之后又让他请示主管把一些不重要

的赠品都转换成优惠金额，最后得到了一个比较满意价格。

4. 重新设定锚点，创造新的谈判空间

锚定效应，是个心理学概念，是认知偏差的一种，指的是人类在进行决策时，会过度偏重最早获得的信息，这就成了锚点。所以有一种销售技巧，就是给顾客推荐商品或套餐，先推荐高价位的，建立一个价格较高的锚点，之后再推荐相对中等价位的，这样看上去便便宜了不少，顾客很容易被这个锚点影响，从而促成交易。

其实最早把这个方法发挥得淋漓尽致的是某知名国外手机品牌，当年手机刚上市，价格很高，要好几百美元。当时大家都觉得一部手机几百美元简直不可理喻。但在发布会上公布价格前，他们先单独展示了手机的几个功能，听音乐、拍照、打电话，然后对大家说，具有这些功能的几件设备加在一起要花费上千美元，最后再公布这款手机的价格——只要几百美元。大家顿时就感觉这个价格没有那么昂贵了。

反套路的一个方式就是，重新设定一个锚点，创造新的谈判空间。对方推荐高价位套餐，你根据事先收集的信息，给出你自己的起谈方案，比如一个最低价格的套餐，这样一来，就算是重新建立了新的价格锚点。你们也会围绕着新的锚点推进谈判，而不会一味地被对方的节奏带着走。

5. 引入其他方案或者决策人，创造紧迫感

有时候，在谈判双方中引入“第三者”，会更有用。这个“第三者”，可以是人，也可以是方案。比如商务谈判时，暂时中断，借故离场说要打电话请示领导，或是把谈判时间推到下一次等。

我在买车的时候也用到了这个技巧，由于之前做了功课，大概了解了同等价位的竞品车型，在谈判僵持阶段，我表示不着急，可以再去看看竞品的店再做决定。此时，销售觉得还有价格空间，就继续谈了。价格降了一些，但仍没有达到我内心的期望，于是后来我又打了个电话给家人聊了一会儿，和销售说价格还是有点高，家人有点犹豫，我也再考虑下。销售又多次请示老板，最后在之前的基础上，又减少了一些。

6. 谈判是一种心理博弈

最后，有的谈判是一种心理博弈。如果你有其他备选方案，对方需要你的程度大于你需要对方时，由于心理上比较放松，反而可以获得一些意外的收获。我有个朋友曾经拿到了一个录用通知，她本身不太想去，但是对方却很想让她来，于是她就随口提出了薪资翻倍的要求，以为会遭到拒绝，但没想到对方竟然同意了。我也曾有过一次类似的经历，有公司给出了口头录用通知，但我那段时间比较忙就把这事搁置

在了一旁，隔了一阵子对方看没有回复，就再次联系试探我，问我薪资再上涨 20% 是否可以接受。

所以，让自己多一些备选方案，认真准备，但同时心态上放轻松，也许真的在谈判中能起到事半功倍的效果。

人际关系篇

第五章 向上管理：如何获得上级的信任

向上管理究竟是什么

同事D是和其他部门合作的协调人。有次新项目新增出来的一部分工作，需要找其他部门合作，因为我是这个新项目的负责人，所以D和合作部门沟通之后，和我打了个招呼，说这部分工作合作部门那边觉得做不了，他们说需要增加人。D说过几天正好和大老板有一个会，打算到时候和大老板说增加人的事情。这种情况似乎在职场中很常见，听上去没什么问题，但是我性子比较急，听了之后便直接问D：

“所以你和老板沟通，只打算给他两个选择，就是增加人或者不增加人？我觉得你并没有站在老板的角度考虑问题。是你一直在说合作部门有多困难，我知道他们可能确实很困难，但如果什么数据都没有，直接就只是传话，这样和老板沟通没有意义，起码要收集更多的信息给老板做决策。

“你是负责这一块的，你当然要在这里面想办法，帮合作部门看下流程是否有改善空间？我们的这部分工作要怎么合作？或者说我们这部分工作，还能怎么拆？拆到最小单元之后是否有机会融入他们已有的工作？再不济，短期方案是什么，长期方案是什么？即使招人也不是一下子就开发出一个新职位啊！（外企开发新职位需要漫长的过程）

“你并不是什么都做不了，你起码可以准备好几个选项给老板做决策：①招人；②不招人的情况下还能怎么做，能做哪些，做不到哪些；③在还没有招人之前这个事情应该怎么解决，谁来解决，有没有短期方案；④要承担的后果，要妥协的是什么，这个结果是否能承受。”

都说“屁股决定脑袋”，这句话很多时候都带有贬义的色彩，但有时候在工作中，我们连这句话都做不到，没搞清楚自己是坐在哪一边的，职位是什么，要解决的是什么样的问题，更不要说想上级所想了。

以这个例子说明，工作中我们缺的是传话的人吗？根本不是，如果只是传话就行，那找根电话线啊？电线还有电阻呢。在中间只传话是很危险的，请问这个职位、做这份工作的你的价值是什么？对方说什么就是什么，回头原封不动地复述，不整合信息、不考虑拆解问题优化流程，不解决问题，为什么要设置这个职位？

向上管理究竟是什么？很多人觉得向上管理是一个立竿见影的事情，我用什么样的小技巧、小方法，就能够速成。但它和职场中的沟通技能不一样，它的本质是要让上司信任你，这就意味着需要长期的努力，很多工作细节隐藏在日常的方方面面。只是听从指挥，指哪儿打哪儿，根本谈不上管理，最多叫作“听话”。

向上管理，我更觉得是带有一种双向的意味在里面，它代表你可以以更主动的姿态，向上输出你的思考、你的专业。如何思考，如何做到专业，通过上面的例子可以感受一二。

那什么是主动的姿态？最起码的一点应该是，不要事事都让上司吩咐安排。换句话说，就是眼里要有活。看到一件事情做得不够好，就像是患有强迫症的人忍不住想摆正东西一样，不管这个事情是不是被交代的，都忍不住想把这个事情做好。

比如，我把PPT交给某个团队成员，请她帮我改一点、美化一下，结果她不仅帮我改了我指定的那几页，还帮我看了前面和后面我没要求改的部分，并且主动添加了一些内容、查找了一些市场调研数据作为补充。这就是主动性，且带有自己思考过的痕迹，渐渐地我就会更加信任她。

另一个成员总喜欢问我这个怎么办，那个怎么办，而我会反问你觉得该怎么办，我希望听到你的想法，以此来帮助对方提高主动思考的能力。后来他每次来找我的时候都会给我多个选项、一些数据以及一些想法，而不是把问题全都抛给我。

所以如果你问我如何看待向上管理？我的看法是：它不仅是一种工作的方法，也代表了一种积极的态度，在向上管理的过程中，随着一些思考方式的转变，自己也能够从中得到启发和成长。

识别上司的风格，是向上管理的第一步。

我们先做一个小测试，看看以下这些关于你上司的问题你是否能回答出来：

1. 他偏好阅读还是听取别人口头汇报？

2. 他偏好大家一起讨论出方案还是各自思考汇总方案？

3. 开展一项新工作他更愿意自己想好了分配任务，还是先听取大家的建议？

4. 他最近烦恼的事情是什么？

5. 他的上司最欣赏他的什么地方？

6. 你认为他明显的缺点是什么？

7. 他更喜欢和团队待在一块还是喜欢自己一个人？

8. 他更关注人还是更关注事情？

这几个问题是我自己列出来的个人观点：超过六条，就算比较了解上司了。低于六条，就表示还不够了解，或者主观意愿上没有想要了解上司。

了解上司的工作风格很重要，能够让我们和上司的沟通更加顺畅，合作更加愉快。那么工作风格包括什么呢？我总结了四条：沟通风格、做事风格、和团队的关系、对待工作的态度。下面我们依次来说一说。

沟通风格：在本书“沟通谈判”章节里有所提及，大家可以回翻看一看。大致有这么几种典型的对比：说话表达直接和说话委婉；讨论关注整体和讨论关注细节；做一件事更关注起因和背景和简单略过背景关注下一步行动；更多关注人的感受和没有注意到或者更关注事情。

做事风格：比如喜欢先思考还是先行动，一个典型的例子就是一件事安排下来，上司是会先花一点时间想想再召集大家讨论，还是喜欢直接拉着大家先讨论征集想法；是更关注工作效率还是公平，比如一些项目总是给个别效率更高的同事完成，还是比较在意让大家轮流做；管理风格更偏民主还是倾向自己决策，前者听取大家意见牺牲了做决策时的效率，后者看重对全局的把控，通常控制欲更强；是听觉型还是视觉型？听觉型和视觉型这一条是教育心理学的概念，如果一个人看书学习效率比较高，擅长通过阅读文章、观察图像或影像等视觉传达方式接收信息，那可能是一个视觉型学习者，视觉型学习者也习惯于运用文字或图像等视觉方式来表达信息。如果一个人更擅长用聆听的方式接收信息，比如老师讲课这种教学方式，那可能是一个听觉型学习者，这类人的口头表达能力比书面表达能力强，也喜欢辩论。

和团队的关系：是来往密切还是仅限于工作范围的交往？比如工作间隙主动找大家聊聊天拉拉家常增进关系，主动提议一些非必要的团建活动。主动沟通的多，还是基本要靠下属来找？

对待工作的态度：是比较平衡的工作状态，还是比较忘我，是对自己要求还是对团队也这样要求？

这些问题能够帮助我们梳理上司的工作风格，让我们看到一个全面的、优缺点并存、生动的人，帮助我们更好地理解对方，而不是要求对方是一个完美的管理者。比如有时候并不是针对个人而是因为个人性格的关系，如果了解了就不会太过在意上司的一些行为。举个例子，你觉得身体不舒服，上司还让你加班，你心里很不是滋味，觉得上司是故意的。但也许对方不是那种会察言观色的人，可能在这方面比较粗心，如果事先对这点有觉察，就不会让自己产生很多情绪。

如果你没有仔细思考过上司的风格，不妨观察一下这些方面，增进理解，让彼此的合作更高效愉悦。

接到工作后先思考以下几件事

小张最近遇到了烦心事：公司涉足一个新领域，小张被任命为这家新开工作室的店长，开店初期小张做了许多事，包括店里日常运营、宣传、客户关系管理维护等。随着工作的开展，店里逐渐开始出现一些问题，小张的上级增加了相应的新指标，说这也是小张工作的一部分。虽说小张成长得很快，但事情越来越多，小张觉得老板既不减少工作量，又没有相应的奖励措施，开始有了一些抵触情绪。

和小张沟通的过程中，我发现她是一个勤快踏实、吃苦耐劳的人，她接到工作通常就会立刻着手去做，效率也很高。这在刚开始是没错的，但是随着事情越来越多，以前的工作方式不再适用。这个问题的表象是事情多了忙不过来，但深层原因是小张没有和老板及时汇报，没有让双方在工作目标、方向、期望上达成一致，所以小张应该更注意工作方法，记录问题和现状并反馈，和老板明确下一步改进方向，并做好后续的跟进。

如果我们按照工作的流程来看，会包含工作前、工作中和工作后要做的事情。和“高效工作”章节里的工作检查清单相似，但这一节会聚焦如何在工作中做好向上管理。

（1）工作前：要清楚事情的背景、目的、老板的想法、预先设想的方案、用什么方式做、设定沟通汇报的频率。除此之外，还要明确自己的权限和职责范围，比如哪些工作需要老板过目，哪些部分可以自行把握，这样就不会事事都请示老板。

（2）工作中：解决问题要有主动性，不要总把问题抛给老板，如果需要请教，至少带着选择方案来，提问时尽可能留有思考的痕迹。同时，要把握好提问和自己埋头尝试之间的度，不要走向极端。我曾遇到过一名实习生，他被安排做一项数据分析，工具用得不熟练却不说，自己反复弄了一上午还是没搞明白，这种就该及时提问以免耽误工作进展。另一名实习生，不考虑他人是否方便，遇到问题就在即时通信工具上问个不停，自己不事先找其他同事商量或者搜索资料，不会主动解决问题。

主动性很重要，不要总是等着别人来帮你。

（3）工作后：勤于总结，适时和老板要点评和反馈。老板都是健忘的，不要以为你做了这么多他都能记住，事情一多他转头就忘了。等之后绩效评估或者你想升职加薪，老板都不记得你做过什么了。所以平时就要把总结做到位，事事有回应，重要的事有总结。另外，总结不是单方面发一个报告就完事了，最好项目结束后不久找个机会问问老板，您觉得我哪里有不足可以改进？下次我怎么做可以做得更好？

并且在下一次真的能做到改进。谁都喜欢爱思考总结的下属。最后，要让老板看到你有所进步。每隔一段时间汇报时，沟通自己在这方面的调整和进步。

汇报工作本身就是一项重要的工作

有一种说法叫作“酒香不怕巷子深”，说的是好产品和好口碑自己会长脚走出去、传出去。但这个说法在现代社会似乎有些失灵——每个人面临的选择太多，如果不能在众多选择中脱颖而出，抓取其注意力，那么“酒香”也就只能留在“巷子”里了。

在职场上，也有一类人信奉前者，觉得只要把事情做好就可以了，老板就一定会看见，就会买账，不想主动打交道和表达自己的观点和想法。但汇报工作本身就是工作的一部分。工作中有问题出现，你解决了，但却没有汇报，别人并不会知道是你解决了这个问题。

有的人在团队中是老黄牛，出现事情大家都去找他们帮忙，他们从来不拒绝，但平时没有问题的时候存在感却不强，到最后升职加薪时也没有人想到他们。如果把工作能力和存在感作为横轴、纵轴画一张图，得到发展机会更多的，通常是那些既有工作能力，又有存在感的人。多发言汇报，表达自己的观点，是让他人感觉到你存在的一种方式。有的人会觉得，我好像没有什么可说的，大家都知道，我是不是就不说了。但当你越不表达的时候，别人就越想不起来问你的意见，你就越没有影响力，渐渐自己的影响圈就会变小。可以有意识地提醒自己积极发言汇报，提高发言质量。

汇报时，有一些注意事项：

（1）选择合适的时机汇报。如果临时汇报没有提前约定时间，选择对方看起来不太忙的时候，或者可以直接问对方："我想占用您两分钟时间和您汇报一下进度，您这会儿方便吗？还是过会儿您忙完了叫我？"

（2）汇报工作不是讲故事，不要起承转合。有人喜欢说话大喘气："我们遇到一个很严重的问题"，这时对方的心都要提起来了，接下来他又说："好在我们解决了。"这种讲话方式不建议用在汇报工作中，汇报工作不需要那么多的故事情节。

（3）先说结果，适当引用数据。"我们解决了一个还挺严重的问题"，之后再说说影响，"如果不解决会怎么样，当时的情况怎么样"。把细节留到最后描述，或者是对方问了再补充细节。如果能够提前声明一个重要结论，对方就能通过一个框架来理解随后的信息，你所表达的内容也就更容易被对方理解。

（4）简明扼要地汇报，就是帮上级节省时间创造效益。紧急的、重要的、和上司利益关系密切的、上司关心的先汇报。可以采用书面详细记录和当面简短沟通的方式，当面沟通前提前列好要点和提纲，一次性快速说完。

（5）定期、固定时间汇报。汇报进度不只是为了告诉老板进展而已，而是通过汇报，可能会做一些方向上的调整。所以如果你负责一个项目，最好找一个固定时间，或者通过邮件、报告定期汇报。即使老板很忙，也要口头说两句，只有一分钟的汇报也好过没有汇报。不然有时候方向临时需要调整，老板中间没想起来和你说，快完成的时候再改就比较麻烦。

（6）工作中有风险提前打招呼。不光是和上级，还要和其他合作部门同事打招呼，哪怕是可能发生的风险，小心谨慎一点也不为过。我在工作中经常会遇到这种情况，大家都会互相提前知会，这样真有问题发生的时候，大家反应都很迅速。因此，这种提前打招呼预留出来的时间准备就很重要。

把握这个获取反馈的黄金时机

我在刚工作的时候看过一本职场小说，故事背景大概是女主角成功完成了一项工作，赢得了大老板的赞许。大老板在其他部门同事面前夸她，有处得好的同事过来，怂恿她向大老板要反馈。这个细节在职场中我偶尔会想起来，后来我在职场中也遇到了别人主动要反馈的情况，让我印象深刻。

有段时间和其他部门同事合作了一个项目，项目虽然有一些不足，但整体效果非常好，大家合作也都很愉快。项目结束没多久，我收到一封邮件，要书面的合作反馈。说实话，真的是挺新鲜的，这是我第一次在非年终总结阶段、非升职时期，收到的一个反馈请求，邮件大致意思：

我们在这个项目上合作有一段时间啦，现在项目结束了，我想请你给我写份合作反馈可以吗？我现在是 × 级别，目前在寻求更高一个级别的发展，以下我列出来了更高级别需要具备的一些业务能力和要求（附上表格），你可以基于我们这次的合作，根据这个清单给我提供一些评价反馈吗？反馈请直接发邮件到我的经理那里，他会和我沟通后续需要提升和发展的地方。

这是我第一次看到有人能够这样直白、大方地和他人要评价。和上面提到小说里的细节不同的是，我们是不同部门的同事，我不是对方的领导，所以我猜对方应该是群发了几个不同的同事。显然，他事先也和经理沟通好了，所以合作同事给的反馈会直接发给经理，因为相较发给本人，大家给出的反馈写得更加客观。

这种做法很聪明，既要到了评价，同时也不让人反感，因为是发给对方经理的，所以避免了直接给千篇一律的正面评价，能够让大家给出一些真实的建议。前提是真正做了事情，做得也不错，不然评价都是负面的，反而搬起石头砸了自己的脚。

不过我觉得真正能这么做的还是少数，原因很简单，除去每个人的性格因素，比如是否会觉得不好意思，不愿意告诉别人自己职业发展的想法，更多的其实是看一个公司对员工职业发展的态度是什么。

态度决定了公司在这方面的文化，最简单直接的反应就是，一个人如果这样做：是否会被大家所接受，是否会被周围人觉得“出格”“有野心”，人们是客观评价还是冷嘲热讽，是否会得到老板的支持，老板是否会认真沟通反馈和谈职业发展。做这件事并不难，但难的是缺少一个让人们放心这样做的环境。

如果觉得不愿意告知别人自己职业发展的想法，也可以直接在项目结束后，趁着别人还印象深刻，问别人自己有哪些地方需要提高改进的。重要的是得到真实的反馈，在以后的工作中有意识地改进，向自己的目标靠近。

有一门职场必修课叫作“管理老板的预期”

有读者给我留言：“如何管理工作时间呢？感觉工作效率低，一个以前没做过的事，思考好久也摸不着眉目，时间过去太久，老板都着急了。请问我该怎么改善呢？”

乍看上去，这是一个关于时间管理的问题。但实际上，我分享一百条时间管理的技巧可能也解决不了这个问题。因为问题的根本原因在于：这位读者不知道如何管理老板的预期。这种情况很常见，不只是刚入职场的小白，即使工作多年的人也容易忽略。

在工作中我们常常想着靠一己之力把问题全部解决，即使遇到问题也咬咬牙自己一个人硬抗，怕说出来老板会觉得自己能力不够或者觉得“这么点小事也要汇报”。这种情况很有可能坏就坏在粉饰太平上，老板不知道中间发生的问题和风险，没有心理预期，最终的结果假设不理想，老板就会觉得这是个突如其来的惊吓！

如果总发生这种心理预期上的偏差，渐渐就会有人怀疑你的工作能力，认为你无法对工作进度和风险进行有效控制。

所以合理管理老板的预期能够：

- 让信息透明化。
- 建立与老板之间的信任。
- 起到风险预警的作用，促使相关方共同行动控制风险。

那应该怎样做预期管理呢？根据过往经验，我把预期管理分为三类：过程预期管理、结果预期管理、风险预警管理。接下来分别说一说。

1. 过程预期管理

我曾带过一个实习生，她第一次和我打交道，我就觉得这个姑娘做事很老到。为什么呢？我交给她一堆任务，告诉她在几天之后完成即可。第一天下班的时候她就给我发了一封邮件，告诉我几项任务的进展分别是什么，预计什么时候能完成。这件事让我印象很深，因为这样做的人很少。大多数时候，我们都会觉得“不打扰是我的温柔”，我只要在截止日期前完成就好。

实际上，在上下级之间磨合初期，还不知道双方工作习惯时，多沟通汇报时间进度、项目进展尤为重要。即使彼此熟悉，对于重要的工作，老板还是希望能够定期得到消息，这样心里会觉得踏实。

如果一件事老板主动问了好几回："上次那件事情怎么样了？"说明这件事确实很重要，与其每次被动回答，不如主动定期沟通。通过周报、项目进度表，用邮件或者当面简短汇报，都会让老板觉得一切都在有条不紊地开展。有各项追踪、时间轴，不用天天追着你问，老板就会觉得你做事很有计划性，很靠谱。

2. 结果预期管理

我曾经吃过这方面的一个大亏：有次与国外的同事合作一个项目，我看到提议的时候觉得大框架上没有问题，有一些小的细节可能会有些影响项目结果，但当时觉得理由不够充分，念头一闪而过，就没有提。结果可想而知：因为我没有说出我的想法，国外同事以为一切都很完美，预期被无形中抬高了，虽然项目结果也不错，但没有达到他们的预期，他们就一直在纠结原因，导致后期分析和沟通的工作量加大。

这件事给我上了一课，无论是老板还是合作方，他们平时并没有获得最直接的一手经验，所以对事情结果常会抱有不切实际的幻想。如果你明知道某件事情不会如他们想象的那样，就要用数据和事实将他们拉回现实。

后来遇到类似的事情，我都不怕麻烦地提前多沟通，整理历史数据、竞争对手情况或者一些间接证据比如合作伙伴的反馈、周围朋友的消费习惯等，都分享给对方。不要担心论据没有说服力，因为你不是要说服对方，而是在尽可能给对方所有你知道的信息，帮助对方做出一个合理的决策。

3. 风险预警管理

工作中如果遇到一些影响范围大、可能对结果产生负面作用的问题，要及时向上反馈升级。

我见过有的产品经理遇到棘手的问题，自己做了许多沟通谈判也无法推动事情的进展，仍然不好意思抄送老板。我说服他，如果这个问题不说，你又解决不掉最终妥协影响了结果，最后老板也还是会问你为什么当时不提前说。而你提前把问题和风险摆在台面上，寻求老板帮助，这就变成了所有人共同的责任，相关的人员都要一起讨论决定问题的重要度，是否要重新排优先级。

其实职场中就是每个级别有每个级别的能力圈，要接受有的事情确实是你这个级别推动不了的，这和能力没有那么大关系。比如平级之间的谈判难度肯定要比派出自己的下属和对方谈判小，我遇到过合作方的老板咄咄逼人我又无法直接拒绝的情况，只好请老板出面帮忙和对方达成一致，之后我的工作才容易开展。

所以遇到问题拼命自己扛着，费了九牛二虎之力搞定，不见得就是最聪明有效的方式，有时候要敢于把问题暴露出来，促使相关方共同行动控制风险，这比产生问题之后再弥补要强得多。

回到开头读者的例子，“时间过去太久，老板都着急了”，说明读者没有做好过程预期管理，遇到问题默默思考希望得到解决方案，老板由于对进度、现状不了解所以会着急。相信看完本节的分析，下次遇到类似的情况你一定知道该如何应对了。

阻碍和老板建立信任的三个误区

多年前刚工作时，我很不成熟。当时我很积极，经常自己研究一些方案群发给所有人，没有事先和老板打招呼。有时大家一起开会，老板说这个项目做不了，我没有和她沟通过就当着大家的面说其实可以做。这么几次下来，她面子有点挂不住。但她人很好，肚量也大，没有为难过我，后来想想，如果换了另一个人，情况可能就不会这么乐观。

后来老板和我聊过一次，她说，有时候我看到的是一个小圈，她看到的是一个大圈，不要仅凭自己得到的信息就觉得这个事情应该是这样做的。我也意识到了自己的问题，后来会更多地配合她。我们配合好了，别人把我们团队看作一个更好的整体，每个人才能更好。

所以我在向上管理如何建立信任关系的方面，经历的第一个误区就是没有照顾到团队的整体利益。实际上，个体和上司、团队是一个利益共同体，让上司难看未必你会更好看，反而会让大家觉得你们团队松散不团结，没有战斗力。

第二个误区，上司一定要在专业上强于下属，不然不值得我尊重。举个程序员的例子可能更容易理解，程序员们由于工作性质关系，做几年就会面临“走专业路线”还是“走管理路线”的选择。走管理路线的人，由于不亲自写代码了，代码水平可能没有走专家路线的人强，但他们的沟通能力、管理能力也许更强。也许你觉得沟通能力强对于做技术的好像没有多大用处，但实际上很多项目，技术是要和业务沟通，理解业务的需求，并选择合适的方式、排好优先级的。如果一个人技术能力很强，沟通管理能力不强，他在这个位置上是做不好的，而且还会带着团队走一些冤枉路，浪费了人力资源。所以这种情况，作为管理者的技术经理，他需要专业上强于下属吗？不需要，他用的更多的是长处，技术他需要懂，做得还不错就行，但不见得是最强的那个。因为他的上级、业务合作部门，更看重他技术还不错，但是管理沟通更强。所以上司未必一定在专业上强于下属，他们有自己的优势所在。

第三个误区，我的上司有这样那样的一些毛病，为什么上司的上司看不到？上司是组织、管理体系赋予其职能的人，不是为了让你喜欢而存在的。如果你觉得他有那么多问题，那么明显，能力那么差，为什么他的上司还能容忍他？说明是否他还有他上司也需要的一面？比如对下属苛刻的上司有可能自己就是工作狂，对工作卖力，所以他的上司虽然知道他有时候对下属不那么体恤，但有一个这么拼的下属自己省很多事，两害相权取其轻，也就忍受了。如果上司的上司在你眼中只是喜欢他会拍马屁之类的，那这样风气的公司还是早点换吧。但我觉得这种情况还是少数，更多情况下，是这个人有他的上司看重的一面。

那我们如何从心态和行动上调整、改变，建立信任呢？

首先，心态上，谁痛苦谁改变。有个培训师和我说过一个例子，让我印象深刻。她说，有人在培训课上和她说，您这个课太好了，我真想建议我老板来听。培训师问为什么？他说，这样我老板就能意识到自己的问题，做出改变了。你看，很多人总是寄希望于对方有所改变，但忽略了自己其实也可以做出改变。其实职位越高，反而越成熟，知道和老板工作方式习惯不搭，应该自己主动做出调整。

是压榨，还是为了员工的成长？有人说老板特别压榨，但是换一个角度思考，也许老板对你严，是觉得你还有成长空间。我参加过一个管理的培训，是反过来站在管理的角度，怎么去管理下属。有一条是，要和下属提前达成一致，如果你想要职业生涯有所发展，那我就会严格要求你，会指出你的问题，会希望你多承担。沟通好这点之后，对方会更容易接受对自己的要求。但不少管理者没有这个意识，他们只是一味地严格要求，而不去和员工分析清楚利害关系，员工就会觉得这是压榨。这不是要给你的上司“洗白”，而是让你从另外一个角度去看这个问题。

其次，换位思考，有时候上司的职责范围也是有限的。我曾有一次升职失败，觉得老板没有帮我尽力争取，后来别人和我说的一句话点醒了我，她说，没有上司不希望自己得力的下属不升职的，但她能做的也有限。老板当然能够帮我去提升职，但是我也要扩大自己的影响力，让升职讨论会上她的话能够更有分量，别人也能同意。

每一个觉得对方做得不好的瞬间，都反过来思考，如果是自己会如何做管理。有的人觉得老板不公平，觉得委屈，那你以后在带团队的时候就可以尽量做到公平。老板说话不好听，那你以后就好好说话。老板批评人不留面子，那你以后就在私下里批评下属。对方做得不好的时候，可以想想如果是你，你会怎么管理。

最后，在做好基础工作之上，偶尔多做一点不吃亏。还是在一次培训课上，培训师问“谁愿意在自己的本职工作完成后承担更多的工作？”普通员工举手的人很少，反应大多是“我不是完成了我的本职工作了吗？不是我分内的工作我干吗要做？”“为什么别人自己不能完成分内的工作，反而要我帮忙？”管理者的反应“先完成工作再说，工作中哪有那么多你我”“能者多劳嘛”。这和我在平时的感受是相似的。有一些处于模糊地带的问题出现的时候，经理级别的同事基本会给个建议，然后说：“我来跟这个问题，不过我之后可能会需要一些别人的帮助。”一些比较年轻的同事就会说：“这个不是带团队的人应该做的吗？为什么要我来做？”或者会直接抱怨觉得自己的工作做多了。其实条件允许的情况下，有问题多承担一些、多做一点，上司就会记住你的主动分担，即使对方没有给予认可，也有利于你的进步、提升你的价值。

以上就是我觉得建立信任需要做的一些尝试。如果以上都尝试了，你和上司之间的关系还是没有改变，或者还是无法忍受，我只好建议你换一份工作或者换一个老板。如果你觉得遇到的老板都有问题，也属于正常现象。因为每一个人各有自己的优缺点，要多看对方的长处。如果你无法和任何一个老板相处融洽，那说明你还需要自己做更多心态上的调整，将心态放平和。

50% 的职场人都败在了“觉得上司不行”的错觉上

我曾参加过一些线下的职场活动，自由讨论的时候，经常聊着聊着就变成“吐槽上司大会”了。

这边 A 说：“当时那个事情，明明就应该那么做，但是上司听不进去，最后果然失败了，也不知道是怎么当上领导的。”

那边 B 说：“是啊，是啊，我上司每天就忙着开会，沟通能力挺强的，但是业务能力真的不行。”

很多职场人都曾在工作中多少有过类似的想法吧，觉得上司好像水平不怎么样，或者是也没觉得发挥了多大的作用。我在工作经验不多的时候，也曾产生过这样的想法。遇到哪怕一件上司做得不到位的事情，都会觉得不应该啊。实际上，觉得上司要在专业上强于所有下属，是一种大多数职场人都曾有过的误区。

第二次世界大战期间，美国仅仅用了三年半的时间就完成了原子弹的研究和制造。主持这个工程的负责人叫格罗夫斯。军方看重他，是因为他主持建造了五角大楼。他其实不是物理学家，自己也不是技术主管，但他是一位优秀的领导，在他的带领下，主管技术和工程的各个负责人做得非常出色。

这项工程的技术主管是奥本海默，美国当时物理学界公认的全才科学家，但奥本海默有些我行我素，也不断惹出些小麻烦，但格罗夫斯总是力排众议支持奥本海默的工作，得以让原子弹的研究工作顺利进行。这个故事很好地阐述了一个道理："管理能力"和"专业能力"是相辅相成的，识得人，用对人，这样的能力，并不亚于"专业能力"。

职场的每个阶段、层级，其实都有不同的技能树，或者说技能组合。

· 职场新人，技能树偏实际和具体。比如：制作PPT、运用数据分析工具、英语水平、执行力、沟通力、团队协作能力等等。

· 中基层管理者，要上传下达，技能树要求更复杂一点，但还是努努力能做到的。比如：业务判断能力，管理能力，调动团队合作、一定的整合资源能力。

· 企业家、高管的技能树，看起来就比较抽象了。比如：公司战略规划、制定公司制度和规则、释放团队潜能、提高公司管理效率等等。

每个阶段的工作内容、面临的挑战不同，所需要的技能也是不同的，都用“上司要在专业上强于所有下属”这个标准衡量，是片面的。员工如果一直这么想，就看不到上司的长处；上司自己如果这么想，就会忘记发挥自己的长处，非要拿短处去和别人比，配置错了资源。

退一步说，如果真遇到管理能力不错，但是业务能力欠缺一些的上司怎么办呢？

这是一个典型的“向上管理”的机会，如果你的业务能力很强，遇到了这样的上司，就用自己的长处去辅助上司做得更好、有更好的表现。这样不仅输出了自己的影响力，也会因此得到更多的关注和机遇。

我曾亲身经历过一件事：某个团队空降了一个领导，以前没有做过某块业务，对业务不熟悉。团队里有不少资历深的“老人”不服气，明里暗里不服管。而当时团队里有个同事，主动讲解答疑，承担了很多分外的工作，帮助新领导度过了适应期，他们之间建立起了很深的信任。新领导工作完成得越来越出色，这个同事的发展自然也就不错。

我们在看这个例子的时候，都觉得自己能够做到像这个同事一样，积极向上管理，但实际情况中，暗中埋怨、讥讽、嘲笑上司的专业能力，是很多人的做法。上司的业务不行，主动向上管理，帮助上司做得更好，关键在于我们是否能理解不同阶段的技能树，以及管理能力和专业能力相辅相成。

和强势老板沟通的五大法则

小李的老板很强势，但小李和老板的关系一直比较好。老板休产假期间，小李成长得很快，开始独当一面。但最近老板休完产假回来，小李觉得老板的态度好像有所改变，比以前专制很多，不容小李反驳。小李不知道哪里出现了问题。

小王觉得新老板总是吹毛求疵，比如小王有一天加班得很晚，忙得焦头烂额时，老板突然让她调整一下细节，小王忍不住和老板抱怨："重要的事儿还没做完，我建议我们先抓重点，抓大放小。如果所有事都这样做，就没法做其他的事了。"老板听完后脸色很不好。

这些强势的老板，有一些共同特征：

· 能力强，把工作看得比较重，希望在工作中体现自己的价值。所以非常努力认真，也要求下属和他们一样，他们通常把管着一些重要的职责岗位。

·控制欲强，下属如果有一些行为，比如和其他部门的人工作往来比较多，工作缺少请示汇报，会觉得不太高兴。

·有的脾气比较急，对他人要求严苛，有时批评他人不顾对方面子。

那这样的老板要如何相处呢？

（1）分析老板的处境和需求，了解背后的原因：比如案例中的小李，老板和她的关系发生改变，是因为需求发生了改变，她的老板产生了一些危机感，需要快速回到原来的位置，突显自己的重要性。小王的情况，背后的原因是她老板的上级也这么要求，并且因为他是新来的，和小王还在磨合期，对工作质量把控严格。如果相处久了他知道小王的工作能力和水平，就会更放心一点。

（2）多和对方沟通报备，尤其是和其他部门相关的事。控制欲强的老板喜欢事事有参与感，他们觉得团队之间必须要具备一种密切的沟通，尤其是跨部门的沟通，其实有时候也不是老板过于紧张，只是因为有些事情中间牵扯得太多，不方便告诉你而已。

（3）给对方充足的安全感。他们的强势可能来自安全感缺乏。比如有的人会在新上任阶段，或者特殊时期（如来了一个强劲的竞争对手）缺乏安全感，所以如果你给了对方安全感，建立起互相的信任，情况就会好转。这种安全感包括做事靠谱、对外开会或者沟通的时候统一口径、发现问题私下里善意提醒而不是等着看老板出丑等等。

（4）适当调整和对方沟通的方式。控制欲强的老板喜欢指点一切，也很关注细节，所以如果和他们沟通汇报工作，思虑周全包含细节的方案，会让他们觉得很可靠。比如可以拿着两个方案让对方拍板，把方案的优劣势、成本、投入等细节列出来。

（5）真诚，适时表达关心，不必过于嘘寒问暖。多看看对方的优点，而不是觉得哪里都不好。适当表达关心，多问问对方有哪些是需要自己支持的或者自己能帮忙做哪些事。

有些读者分享了一些案例，他们表示不能理解为什么公司里会有这样的人？我反问，有没有想过，这样一个大家都知道有很多问题的人，难道上级会不知道吗？尤其相处时间久了，很多方面想装也装不了。但上级即使知道还愿意把重要的工作交给这个人，说明肯定是有原因的，这些原因不限于：可能是亲信，或者是更高级别领导的亲信；这个人能力很强，虽然有一些不好的地方，但没那么要紧；一些自己不好出面做的事情，这个人可以帮着做。

如果只是工作风格上比较强势严格，人品没有问题，那么调整相处方式是解决问题的一种途径，但如果真的在工作中遇到人品有问题的上级，那还是尽早做打算，早日脱离这样的环境。

怎样让职场前辈愿意帮你

有次在群里有位读者朋友提问，怎样让他人愿意帮助自己成长？问题有点大，我一时不知道该怎么回复，只简单地说，自己先做成一些事情。这位读者朋友很聪明，换了个方式问问题，她问我是否有时候也会帮助一些更年轻的小伙伴，这些人的特质是什么？在什么样的情况下我会想要帮他们？看，有时候换个方式问问题，就能得到更多不同的信息。

关于这个问题，我有一些自己的想法。综合我请教别人寻求帮助的经验，以及作为一个职场文章写作者常常帮助别人的经历，总结了以下几点：

1. 态度真诚，尊重他人的时间

这应该是最基础的一条了，然而实际情况是，很多人连最基本的情商都不具备。我常遇到一些新加我微信的读者，只说一句“你好，我想和你咨询一个问题”，然后开始自顾自地讲自己的问题。我觉得对方不够了解我，也没有最起码的寒暄，就摆出一副别人应该帮忙的姿态，让人不是很舒服，所以我不太愿意回复。如果对方经常在文章下留言，或者和我提到看过我的两本书，常把我的文章分享给朋友、同学的话，我会觉得他对我有基本的了解，我们的沟通和对话也是基于一些共识之上的。有的人希望加入职场群，我发了入群链接连句谢谢都不说，这就罢了，有的没有及时入群，邀请过期了，或者以前进了群，后来又自行退出的，再重复让我拉群，我也不愿意再拉，更有甚者还和我说：“哦，那个群我之前觉得没意思所以退了，你再拉我一次。”这种想法的本质在于：平时不知道维护关系，需要的时候现用现找，每次都是有问题了才想到你。这种人的人际关系一般不是很好，因为没有人愿意帮助这种人。我自己也拉黑过一两个这样的朋友，觉得他们只是有问题了才想到我，帮完了也从来都是轻飘飘一句下次请你吃饭，之后便再没有消息，直到下一次又来问问题。这让我感觉对方只是把我当作解答问题的工具，心里很不是滋味。

2. 提前做功课，查询基础信息，不做伸手党

当我有一些业务问题需要请教前辈时，都会事先查一下基本情况，列出自己没有弄明白的问题，然后按照这个提纲与其沟通。这样不仅高效，而且对方也会觉得你不是“伸手党”，与你沟通不是浪费时间，会比较认真地回答问题。有的时候我会把对方之前发过的朋友圈，或者近期发布的文章、曾经写过的书看一下，看看对方是否已经分享过了。这样基于基本共识之上的沟通更深入，也让对方更愉悦。

3. 讲一下自己问题的大致背景，简明扼要地把问题说清楚，不要事无巨细，把对方当作情绪垃圾桶

有时候我莫名收到一些长篇大论，篇幅长不说，还充满了抱怨和吐槽，有的还有各种感叹号，别人看了简直要窒息，只想直接把这个人拉黑。在群里的周末问答环节，我已经写清楚了尽量缩减到 100 字，多一些其实也可以接受，但有的人仍然不顾规则，写了一整屏我都看不完的信息。这种人缺乏同理心，没有考虑到别人看到这些是怎样的心情，如果是关系好的朋友也许都不太能接受，更何况是网上的一个陌生人呢？简明扼要地把问题说清楚很重要，这是一种对问题的总结和再思考。当你寻求帮助的时候，要考虑一下对方是否方便，如果对方已经写了规则，遵守规则是最直接简单的事情。

4. 不要总想着免费的午餐

如果我预计这个问题需要详细聊，我会约对方吃饭，如果对方实在不方便或者拒绝，我也会在其帮忙之后选一份小礼物送给对方。之前好朋友帮我做一些设计图的时候，我会直接发红包给对方。去网上找其他的设计师，不也是要付钱吗？为什么是朋友就觉得不用了呢？对方不收的话，我也会精心挑选一份对方可能喜欢的礼物寄给对方。

以前总有一些平时不熟悉、没有往来的朋友找我翻译东西。开始我还不好意思硬着头皮，牺牲自己的休息时间帮忙。虽然看着很少，却也要一两个小时才能弄完。他们收到了之后就是句简单的谢谢，然后直到下次需要帮忙的时候才想起我。后来我就直接拒绝，表示最近太忙了，“如果你需要，我可以给你介绍专业的翻译人士，不过他们会收取一些费用。”听到这儿，他们通常就会说：“哦，那算了。”这样拒绝几次之后就再没有来往了。当向别人寻求帮助时，你要思考自己到底有没有尊重对方的时间、劳动和付出。如果关系好，有来有往其实不会在意这些细节，但总是单方面索取、单方面付出的，一定不是一段良好的关系。

5. 事后给对方及时反馈

能够想到这一条并且做到的人很少，但如果做到这条，会让对方更有帮助别人之后的成就感。有一次，一位读者向我提问，我给了她一些建议，之后她告诉我这样做之后的改变和收获。我给过很多人建议，但鲜少收到反馈，所以看到之后感到很开心。我在和职场前辈请教完问题之后，无论后续采取了怎样的措施，是否听取了建议，都会和对方反馈实际情况和结果，也会感谢一下介绍人。

6. 加分项：自己能为对方提供的帮助

术业有专攻，每个人都有自己擅长的一部分，即使有问题要请教一些前辈，也不要觉得自己以后帮不上忙，或许某一天，你自身的一些亮点就是对方正需要的。比如有人说自己的 Excel 做得比较好，以后如果涉及数据整理的问题可以找他帮忙；有的则是人脉比较广，可以帮忙介绍各个领域的新朋友；等等。有一个亮点就可以让你和其他人区别开来，产生更高质量的交流和互动。

归根结底，尊重他人的时间和精力，尽量站在对方的角度考虑，适当表示感谢和付出，会让对方感受到你的真诚，更愿意在下一次伸出援手。

第六章 管理团队：不会带人，只会让自己很辛苦

新管理者会面临的问题和挑战

小王之前的绩效很好，被提到了主管的位置。但这之后的很多事情都让小王倍感压力：以前喜欢的领导离职了，团队新招来的下属不服管、很有个性，自己做事也没有以前得心应手，与此同时业务压力还比以前大，大领导也对自己有更高的期望。小王觉得环境不适，想要跳槽。

小张做了七年 HR，最近升职为经理。以前无话不谈的同事们，变成了下属。虽然小张学过不少团队管理方面的知识，但遇到这种情况，小张还是不知道该怎么面对昔日的队友。严厉一些，别人会说他变成领导了就开始摆谱；像以前一样相处，又不利于管理队伍。小张觉得很为难，不知应该如何把握这个度。

小李经常加班到很晚，虽然有下属，但是下属不会处理，所以经常需要他亲自去做。小李的领导虽然知道人力不够，但还是觉得他没有抓到工作重点，即使知道小李一直都很忙，但是领导还是不认可他的价值，小李常常身心俱疲，不知道问题出在哪里，该怎样调整。

以上都是我的读者的真实案例，他们有的找我说自己压力很大，频繁失眠，人也消瘦了；有的开始怀疑自己是不是能力不足，被放到了一个不合适的位置上，力不从心；有的甚至问我自己是不是应该换一份工作。

在职场中，很多时候个人被提拔，是因为自己的本职工作做得好；但是被提拔之后，绩效表现反而不如从前。有些关于职场方面的调查中也有类似的案例，比如一个很优秀的销售人员，成了销售主管之后并没有很出色。这些调查会把这种现象归结为一些原因，最主要的两条是：①一个优秀的个人贡献者（IC）[①] 不一定会管理团队；② 彼得原理，指人们被提拔到了一个自己无法胜任的职位上。因为我们习惯从过去某个级别里选择表现优秀的人给予提拔和晋升，但对方其实在新的职位上并不能胜任，比如上述提到的，一个优秀

① 个人贡献者（Individual Contributor，简称IC）：通过贡献自己的高质量技术和专业化工作，在规定时间内完成任务。

的销售人员无法成为一个优秀的销售主管。

曾经我也比较相信这两条原因，但随着职场经验增加和读者案例积累，我发现还有一个很重要的原因：组织或者环境给新晋管理者的培训和支持不够，导致他们没有相应的管理知识储备，遇到管理问题不知道该怎么解决，凭直觉做事，摸索着前进。职场中我们会给新员工培训，但有关新晋管理者的培训却相当少。在之前的一些线上分享中，我做过一个小调查：你们公司是否有针对新管理者方面的培训？有接近一半选择了“无”，即使有，也是走个形式，“不具有实际应用价值”，其中不乏一些知名的公司。很多公司发展很快，但是在业务扩张和公司规模扩大时，难免会注意不到这方面或觉得这方面问题不重要。但管理和业务是相辅相成的，越是规模大、人员多时，越要注重管理，这样才能提升团队工作效率，防止优秀的人才流失。

上述的几位读者，由于刚经历从个人贡献者到管理者的转变，自己还没有适应这种变化，心态还没有调整过来，导致产生了很大的心理压力。我给他们提供了一些具体步骤，其实就是针对新管理者的一些建议，按照这些步骤一步步实践，就不会觉得像无头苍蝇一样混乱了。精准识别问题，有针对性地进行练习，便能把问题逐一攻破。

第一次当管理者，会面临哪些可能出现的问题和挑战？

以上的三个例子其实就代表了三大类问题：①管理人员和团队的基本知识和技能；②和团队的关系以及绩效管理；③管理人员承上启下的作用。承上即向上管理，在上一章已经介绍了基本方法，启下即传达工作以及如何培养和发展团队成员，打造有战斗力的队伍。这几个问题，在本章会逐渐展开讨论。

新管理者常见的五种问题

如果你刚刚晋升到管理的岗位，对以下这些现象可能都不会陌生：

· 自己特别忙，下属比较闲。

· 什么细节都要过问。

· 时间有一半都花费在了可以分出去的事情上。

· 一休假团队的事情就没有人管，全都乱套了。

· 每天都在救火。

……

这些其实并不能说明自己很厉害、很强大，而是缺乏管理意识——没有调动好团队成员，也没有帮助团队成员成长。

实际上，员工不见得就愿意闲着，看着老板自己忙，有能力的员工会觉得没有得到成长，做的事情看不到价值，而最终选择离开。

新晋管理者面临着三个重要转变：

- 第一个转变：工作内容上，任务导向 → 流程导向
- 第二个转变：工作方式上，独立工作 → 与他人合作
- 第三个转变：和他人的关系上，自我成长 → 培养他人

我们来依次看一看。第一个，从任务导向到流程导向的转变，以前是自己一个人做完事情就可以了，而现在要关注事情是怎么做完的，做事情要经历哪几个步骤，过程如何，当中有没有一些普遍存在的问题可以解决，怎么能够帮助团队把这些问题解决。这一步，可以回顾一下“高效工作”章节里讲的“戴明环”，作为员工工作的时候，其实是执行（Do）的部分和处理（Action）的部分比较多。但作为管理者开展工作，就要更多地把时间和精力放在计划（Plan）和检查（Check）方面。

第二个，从独立工作到与他人合作的转变，这很好理解，以前是单打独斗，现在是带着大家一起工作了。但实际上，有些管理者仅仅字面上理解了，内心里却没有意识到：管理

者的产出 = 团队产出 + 所能影响到的那部分的产出。团队的产出就意味着，你要能容忍别人比你强、比你专、比你精，不然自己就会成为团队工作的天花板，不利于团队的发展；而所能影响到的那部分的产出意味着，要做一些和其他组织、团队的沟通社交工作，提升自己的影响力，为团队开拓道路，扫清合作障碍，这样团队的同事才能更高效地完成工作。我有一位朋友，她的领导平时就不愿意做这样的事情，该自己抛头露面的时候就派下属作为代表，什么事都让下属应对，没有发挥自己作为领导的作用——在团队之间搭建桥梁。而下属出面做事，往往获得的支持比较少，其他部门也对此颇有微词。

第三个，从自我成长到培养他人的转变。培养和发展人才，让整个团队变得更强、产出更好，也是管理者工作中很重要的一部分。有些管理者会担心，如果培养他人，他人变得更强了，自己是否就会失去现在的位置。这个问题其实可以反过来看，如果他们本身就是很厉害的人，即使你不培养他们，他们也会越来越优秀。而如果有很强的人在自己的团队，能够帮助把团队职责范围做大，工作做得更好，反过来也会帮助到你。退一步说，在这家公司，你是对方的上司，但多年以后江湖再见换一个公司对方很可能会成为你的上司。

每个管理者自身是团队发展的天花板，所以管理者需要不断发展、转变、提高自己的能力上限。这些不是一朝一夕的事情，而且可能刚开始会不太顺利，比如自己缺乏实践经验，或者他人不太配合。所以最后要再和大家强调一点：当我们遇到职场问题，寻求他人帮助时，最直接的资源是你的上司，直接请教问题，听听他们的想法和反馈，这是最高效的方式。此外，从书中搜寻答案，和其他职场人士沟通，也不失为一个比较好的方式。总之，在转变的过程中，我们要学会找到资源帮助自己，不断实践，不断调整。

组建团队前，你真的都想清楚了吗

招聘的第一步是什么？有人可能会说，先收到足够多的候选人简历，才好从中择优选择；有人可能会说，先想清楚这个职位需要什么样的人；有人可能会说，要看这个职位所需要的能力模型或者说关键素质是什么；有人可能会说，先理清这个职位的设置，了解需要完成什么样的绩效。

以上答案由表及里，从表面的“我具体要做什么”到思考“我为什么要招人”。因此，拿到一个问题，我们不要直接去想怎么解决它，可以倒退一点，回到问题的起点去思考。

类似的还有组建团队，这种情况的难度系数比招聘单一职位要高许多，那么我们应该从哪里入手呢？以下是我结合自身经历，在组建团队前的思考历程：

- 团队今年的目标是什么？要交付什么样的结果？
- 为了达到这个结果，需要做哪些事情？
- 为了做好这些事情，要有一个怎样的团队？
- 现在的团队已经具备什么，欠缺的是什么？
- 具体化要招聘的这个人需要具备什么样的资质、经验？

这其实是围绕目标考虑，迫使招聘经理思考清楚自己下一步的工作方向。毕竟，招来比较多的人，既是一种资源——看上去自己的职责范围大了，能做的事情也更多了；也是一种负担——如果占用的资源多，但并没有取得相应的成绩，就会产生更多的问题和矛盾。

我第一次组建一个新团队时的目标是：要完成一个全新的具有挑战性的项目，包括筹划、实施、落地，既要完成业务指标，也要从流程上跑通，还要保证效益和效率。梳理好目标后，我也确定了选人的标准，团队需要懂业务的人，也需要懂项目管理和流程管理的人，我们已有的团队，缺乏落地新项目经验的人。这其中所遇到的问题、变化、挑战一定很多，所以这个人最好要有落地新项目的经验，以及有流程优化的经验。接下来就是一些硬性条件，比如学历背景、语言水平、工作年限和经验之类的。最后，我们确实招到了一个很匹配的候选人，入职之后做得很出色，并且很快就崭露头角，获得了升职加薪的机会。

思考清楚这些底层逻辑非常有必要，如果没有想清楚，很容易导致招来的人非常优秀，但是没有被放在一个合适的位置上，无法发挥出自己的优势，最后不得不离开的结果。我曾有一位朋友拿到了人人艳羡的录用通知，入职后发现团队内部太卷了，领导似乎也没有想清楚怎么用好每一个人，她工作了一段时间，始终苦恼自己在团队的定位和竞争力，最后离开了。她说，下一次求职，一定要向招聘的经理问清楚：对这个职位的人有什么样的期望以及这个职位在团队里扮演什么样的角色等等。将这些问题想得比较清楚的人，才值得追随。

所以我们在组建团队时，宁愿多花一点时间找到合适的人，也不要随便将就招一个人。如果招来一个不合适的人，不仅不利于其个人未来的发展还会给团队工作带来很大的麻烦。

比你能力更强的候选人，要招吗

我在招人时曾经面临这样一个局面。团队比较新，要做的事情也比较多，所以我需要招聘一位某些方面能力比较强、经验丰富的下属来协助做这件事。但如果要找到理想的人选，这就意味着，对方可能年龄比我大，在某些方面比我更有经验，工作年限也比我长不少。“这样的人加入团队，我能管理好吗？”面对着 HR 给我发来的简历，我起初心里是有这样的疑问的。

但实际上，这样的问题，每个刚升到管理职位的人，都会遇到。是选择潜力比较大、相对年轻的候选人，还是选择资历深的？如果资历深的员工来了发现管理者能力弱，想要离职怎么办？如果上级想要让新人取代自己怎么办？

我的一位朋友分享了自己的经验：“慢慢地你就会发现，中层领导是最难当的。对上要完成老板的要求，对下要管理好下属。前者可能会对你有意见，后者可能还不一定服你，但即使这样，也千万不要以为招个能力比你差的，就容易管理。”

朋友顿了顿，继续解释：“如果这样，首先你会被自己累死。下属越强，你们团队才能越强，你才会更轻松，才有机会做好更多的事。在老板眼里，你们团队事情做得好，是你领导得好；做得不好，是你没有管理好。你手下招来个能力弱的人，并不会让你在老板眼里看起来更强更好。”

所以理性分析一下，招一个能力比自己强的下属，好处是：

·鲶鱼效应，团队整体能力变强，工作完成得更好。迫使自己提高管理能力，毕竟以后带的人变多的话，不可能保证每个人能力都在你之下吧。

·解放自己的时间，把注意力更好地聚焦在重要的事情上。能力强的员工自我管理能力强，有责任心，还能影响到其他的员工。有人说，一个能力强的员工能顶 50 名平庸的员工，此话不假。

·领导会欣赏你招人眼光好，团队能力强。不能否认存在被替代的可能性，但也能让管理者更有危机感，反过来想，如果轻易就能被取代，就要重新评估一下自己的定位和优势。

但如果有职场人评估了环境之后觉得风险太高，不愿意接受，也能够理解。这些环境也很重要：比如自身和上级之间的信任程度；上级对整个组织架构的安排和对这个职位的想法；上级是不是明事理的人，会不会经常直接越级管理架空自己；公司文化是否相对简单，而非充满内部斗争；等等。

总体来说，我的个人想法是：招聘就应该找这个职位最合适、最理想的人选，而不是招聘者个人觉得“好管理”的人。一句话总结：你从一个能力强的下属身上学到的、得到的，要远比你自己提防的那些东西多。

所以，与其互相提防，不如联手把事情做得更漂亮，也许你会拥有更棒的履历、更好的机会，以及一个更强大的同盟。

新经理人的面试宝典

还记得几年前我刚升任经理的时候，经常需要面试别人。当时我参加了公司关于招聘方面的培训，培训介绍了许多招聘时候的基本要点，帮助我们提升面试能力，了解面试礼仪以维护公司的整体形象，还有规避一些面试可能导致的风险。我提炼了其中最核心的一些操作要点，分享给大家。

（1）面试要采用“行为面试法”。如果不是做案例题，就要避免问对方“如果”类型的问题。行为面试法，是假设一个人的性格和行为比较稳定，基于这个人过去在特定场景下的行为，能够合理预测其在未来场景中的表现。

假设这份工作需要抗压能力比较强的人，切记不要问对方：“如果工作当中遇到很大的压力，你会怎么做？”因为这样面试者可能会回答一个“完美的回答”，诸如“我会好好进行自我调节，让这种压力成为动力”，但我们要的是面试者“真实的反应”。所以，你可以问对方：“你过去有没有遇到过时间紧、任务重、压力很大的情况？当时是怎么处理的？”

（2）注重面试基本礼仪，面试结束时予以说明。面试官是候选人感受这个公司文化的第一印象，也一定程度上代表着公司的形象。面试其实也是个双向的筛选过程，试想能力强的候选人一定能接到多家公司的录用通知，想要争取到这样的候选人，不光需要薪资方面有竞争力，企业文化、面试中透露出的对人的尊重和关注，都在候选人的评估范围之内。

我曾听到过一些读者对于面试的吐槽，其中不乏一些知名大公司：“面试官从我进门起就一直对着电脑打字，都不抬头看我一眼”，“面试官跷着二郎腿，居高临下看人”，“面试官问我，你这么好的学历干吗来我们公司，当时我就觉得好低级好想走人啊”……这些其实都和面试礼仪有关。

一些细节包括：和候选人打招呼请对方入座；如果一直需要用电脑记录就事先说明一下；面试过程中注意和候选人的互动交流；多名面试官一起面试的话，面试官之间不要嘻嘻哈哈；如果压力面经常打断对方或者态度略强势，结束时予以说明；面试结束起身握手道别；等等。

（3）规避一些可能导致风险的问题和行为。培训中，培训师提醒我们，不可以问候选人的个人情况，比如女性的婚育情况。那如果有候选人要主动说明情况怎么办呢？合理的应对是：“谢谢告知这个信息，这个信息不会作为面试录取的衡量标准。”

另外，候选人的信息和面试情况不要随意向他人透露。培训师讲过一个例子：曾有一名候选人的简历打印出来，面试官没有及时去打印间取，结果恰好被其他人看到。圈子的消息传播很快，结果就传到了候选人现在的上司那里，导致候选人很不满，也很被动。

以上能够帮助我们迅速把面试能力提升到 60 分，那 60 分到 80 分如何提高呢？我曾经有段时间，面试的次数也不少，但总觉得有些时候，短短半小时或一小时，挖掘到的有用信息有限。后来我旁观了一些面试，观察更有经验的人是如何面试的，之后面试能力大幅提升，总结下来心得只有一个：抓住对方提供的细节，层层深入。

举个例子，有的候选人总喜欢说，我们当时做了这个，做了那个。这种不排除是语言习惯，但也有可能是项目不错但对方在其中只起到了打酱油的角色，所以想要糊弄过去。所以这个时候，就要和他定义清楚，“我们”指谁，你们团队吗？你们团队一共有几个人？大家分别做什么？你做什么，你在团队中起到什么样的作用？用这样的方式提问，会发现有一些简历看上去还不错的候选人，实际能力并没有想象中那么好。

再举个例子，如果有候选人回答，“这个结果有了显著的提升”，就可以问对方数字具体是多少。对方说，“有了 10% 的提升”，也可以继续提问，前后对比的时间点分别是什么，这个 10% 是怎么计算的。这个指标提升了，那其他指标的表现是涨还是跌呢？

即使都用数据，也会因为使用目的不同而误导人，所以可以多培养自己在数据方面的感觉。比如零售业在做活动期间销售额大增，而活动之后反而比做活动前更差，是因为做活动的时候提前消化了需求。所以上述说的“提升 10%”，也有可能是短期效应，而继续提问“那这个 10% 维持了多久”，就能帮助我们挖掘到对方在一件事中具体做了什么。如果没有做过，或者只通过看别人做过却想安在自己身上，就可能在这一回答中暴露。

如果对方的工作内容和你现在的不完全相同，面对专业壁垒，我们不知道该怎么去深入提问怎么办呢？我的经验是，可以从相同的部分入手，引到有相似任务或者需要相同素质的部分，看这类任务对方过去是如何处理的。这也可以帮助你了解到其他公司针对这种情况是如何做的，这样通过面试他人，你也能了解到其他公司的做法，获得一手资讯。

最后，如果你是新晋经理人，要面试别人，以下这些常用的问题可以作为参考：

· 现在的工作是什么职位？和谁汇报？有多少同级？分别负责什么？您负责什么？（正好也了解了其他公司的组织架构）

· 关键绩效指标（KPI）有哪些？可以每个部分详细说一下吗？

· 您过去做的哪些事情是和目前这个职位相匹配的？（简单介绍职位之后）

· 相似的这部分工作任务 / 项目，您当时是怎么做的？

· 工作中的难点是怎么处理的？（如果比较了解候选人的工作内容，直接问难点；如果不够了解，可以听完上述问题回答之后，确定几个点提问）

· 一些针对当前职位需要的个人素质的行为面试。

组建团队后，首先要做的六件事情

这两年各种选拔偶像团体的综艺节目比较火，节目中有很多部分是真人秀，记录大家在舞台背后的生活。独立的个体,刚聚在一起,是一组人,但是这个时候他们还称不上是“团队”,因为大家还没有作为一个团队的意识。工作中也是一样，我们聚集了一拨人，要一起做一些事情，经历一些事情之后，有了一些集体的认同感，形式上的组织才能变成真正意义上的团队。

那作为团队的管理者，我们要做哪些事情，打好团队的基础呢？这可不是一起吃吃饭、唱唱歌、做个团队建设活动那么简单。具体可以参考以下几点：

1. 要和团队明确公司和团队的愿景、使命、目标

如果你只是一个基层的管理者，刚看到这一条的时候，可能会觉得话题有点大，离自己的工作有点远。但这些看上去有点虚无缥缈的话题，能让大家理解这份工作的价值、团队的意义所在，振奋人心，帮助我们产生一种认同感。

· 愿景（Vision）：未来的方向，宏观愿望，希望成为什么样的团队。比如阿里巴巴集团在官方网站上声称公司的愿景是成为一家持续发展102年的公司，到2036年，服务20亿消费者，创造1亿就业机会，帮助1000万家中小企业盈利。

· 使命（Mission）：团队存在的价值，具体化的任务和目标，能够帮哪些人创造哪些价值。比如阿里巴巴的使命是，让天下没有难做的生意。

· 目标（Goal）：团队在某个阶段的工作方向和工作计划。注意，目标不等同于关键绩效指标（KPI），后者是把目标再次分解为可操作的和衡量的参数，用于具体绩效管理。

2. 围绕着目标，拆解工作，明确任务职责

带团队不同于带一个人，带一个人的时候其实最简单，带着下属齐心协力把事情做好就行。但从带两个人开始，就不能仅仅是带着大家把事情做对这么简单了，还需要平衡团队成员之间的关系，不能说做到绝对公正公平，但也要尽量一碗水端平。分工如果不够合理公平，会产生一些负面影响，这个问题将在后面展开，关于如何做清晰的分工，这里就先不详细阐述了。

3. 建立好信息沟通机制，是沟通效率的保障

基本的形式就是团队的固定例会、邮件组或者微信群，可以集中上传下达公司最新的业务动态、工作方向、布置行动任务等等。

这点为什么重要呢？有的管理者，更喜欢一对一地沟通信息、布置工作，这样的坏处是什么呢？一个团队彼此之间不知道在做什么，或者是觉得上司派活工作量不均，或者不知道上司在做什么，因为上司看起来好像每天都很闲，一直在开会。有了这个机制，管理者能及时分享重要信息给所有人，大家理解也都一致，不会缺漏信息，彼此知晓工作进度、安排，能够更好地互相支持。

4. 做好信息共享和知识传承，提高团队整体效能

我比较喜欢的一种团队氛围是大家之间互相学习，这样整个团队的效能会比较高，所以常常会请同事之间互相分享工作经验。比如在周会上做个简单的分享，这样其他人能了解到自己做的事情处于整个链条中的哪一个部分，也会觉得，在这个团队能学到东西，对自己的职业生涯发展有所帮助。

分享的同事也能有锻炼发言的机会，帮助他们找到自己的特长和方向，积累自信，这一点对职场新人来说尤为重要。

5. 设定固定时间的一对一会议

前面提到团队有固定的周会了，那什么样的情况下我们需要一对一会议呢？举个例子，我们团队来了刚毕业的新人 A，新人有时候会有很多基础问题，不好意思在周会上提问，或者是还没有建立起自己的工作习惯，我就会和 A 建立一个一周一次的一对一会议，单独给 A 进行一些答疑，做一些针对性的指导，

肯定进步，指出不足。当A的工作走向成熟之后，就可以降低频率到两周一次，讨论工作的难点和了解工作进度，等等。

6. 建立一些大家都能认同的规则

为了团队的整体发展，可以在一开始就邀请大家设定一些共同认可的规则，比如说一个团队之间要互相支持，彼此之间直接、透明的沟通，对事不对人，对接手的事情负责到底等。

不要小看这些规则，这实际上是基于心理学中的“言行一致”原则：人们在明确详细地做出某种承诺后，会更加倾向于兑现自己的这种承诺；而当承诺不那么具体时，人们就会有更多的逃避理由。如果你希望一开始，团队就能奠定一个良好的氛围基调，那么积极引导大家做出这样的承诺，便是一条可行的方法。

避免内部矛盾的法宝——清晰的岗位分工

曾带过一个比较有个性的实习生，称呼其为A君吧。A君有次和我抱怨，觉得自己的活多了，一天都在忙乎，但边上另一个实习生B君似乎清闲很多，言下之意是我工作分配不均。事实上，B 君工作效率比较高，我交代的工作量只多不少。我和 A 君表示，我听到了，也了解了。

虽然我觉得 A 君不成熟，但这件事我也有疏忽，一般团队新来员工我都会开会沟通团队目标，并且明确每个人的工作职责，但对新人实习生没有这么做，所以出现了这种情况。于是第二天我整理了一张表格，列出了团队新人的分工。

注意，对于带团队的人来说，有一张团队分工的表格，透明沟通，是很重要的。以下是我自己常用的表格（表 6-1），它包含几个基本要素：工作内容（项目、常规工作）、重要级别、任务具体内容、跟进汇报频率、负责人。你也可以根据需要增加其他项。我通常会再加上一个内部分享或者培训的任务，各自认领或者主动发起，形成团队内分享的气氛。

工作任务	重要性	具体细节	跟进 / 汇报频率	负责人
项目 1	高	1. 上市计划 2. 周会 3. 总结	每周	领导，A 君
项目 2	高	……	每月	B 君
日常工作 1	中	……	日常	C 君
日常工作 2	中	……	……	B 君，C 君
培训分享	中	……	每月	领导

表 6-1　团队分工表

我做团队分工表的时候，会注意这么几点：

· 每个人都负责一部分日常工作，加一部分可以独立的小项目。避免个别同事完全只做杂活，得不到成长。

· 参考每个人的经验，以及目前所处的阶段。比如新人可以多做一些日常工作，项目根据其对工作的熟练程度进行新增、修改。

· 一些项目可以轮流做，让大家都能有锻炼的机会。

· 做表时分别沟通，了解每个人的想法，最后和团队开会，会上微调。

为什么带团队要有这么一个表格？这是我很早就遇到的一个问题，带一个人时，分工明确清晰，不是你做就是我做，有时候也不太能分清楚；带多个人时，团队工作量会比之前有所增加，需要做到事情不遗漏，人员不闲置，实现人和任务的有效匹配。记录下做什么事，和分配给谁做的，非常重要。所以当时我根据工作需要，自己整理出了这个表格。

这么做之后，我发现这个方法还有以下几个好处：帮助你梳理团队工作任务重点，清晰、一目了然，工作不留死角；帮助记录每个人一年做了哪些重点项目，平时可用来追踪，年终可用来回顾；减少因分工不明确而可能产生的负面情绪。

比如开头写的这个案例，就是提醒我，一方面要帮助 A 君提高工作效率，另一方面也要在团队内部做到更加透明，减少互相猜忌。

如果你刚带团队焦头烂额，觉得事情繁杂、不知道每个人都在做什么，总是担心有漏掉的事情，不妨用这个表格梳理一下。

授权委派工作时，要考虑哪些因素

前面我们提到，新晋管理者面临着三个重要转变，其中有两件是和他人有关系的，一个是从独立工作到与他人合作，另一个是自我成长到培养他人。这就不可避免地会涉及分配工作，更书面的说法是授权委派工作。

有的读者会抱怨老板不把好的工作任务分配给自己，那我们换一个角度看待这个问题该如何解决，一个合格的管理者在授权委派工作时会考虑哪些方面呢？基本上可以包含四个要素：

· 任务的重要性：这件工作有多重要？属于什么重要级别？需要配置几个人完成？

· 员工能力阶段：员工现在是能够支持配合完成任务，还是独立完成？经验在这件任务中有多重要？能力匹配度如何？

· 可能的风险：这件事的难点是什么？如果交给其中一个员工，对方可能遇到的问题是什么？是否容易解决？有什么地方可以设置检查节点避免问题发生？

· 信任程度：这个员工能够让人放心吗？能够认真负责、踏实细心地完成工作吗？

看完这四个要素，可以反过来想一想，自己能否让上级产生这样的信任。

对管理者来说，以上四个考虑要素里，前两者是最重要的。永远不要轻易因为一名员工想负责一项任务，但能力没达到，就盲目把任务交给对方，还美其名曰“锻炼”。这样一不能起到真正的锻炼作用，二也不是对工作真正的负责。如何委婉拒绝却又尽量减少打击积极性呢？可以参考我以前一任领导的做法：当时有同事希望团队内部转岗接手一个项目，但因为转岗还是有难度的，所以领导和这个同事沟通：你现在在哪些方面还需要提升，你在这些方面准备好了之后下次会考虑你。这样指明对方努力的方向，也没有让工作成为实验品。

考虑了这四个要素之后，可以和对方沟通工作了，要特别注意一点，不是直接和对方说就结束了，授权委派是一个流程，不是一个动作。为什么说是流程呢？因为它包含了以下一系列事件：

1. 交代清楚背景、任务、目标

这一点应该大部分的管理者都可以做到，但还是有少数的人只交代任务，而不说清背景和目标，导致双方理解偏差事后返工。所以如果时间允许，最好能够一次性说清楚。

2. 约定跟进方式，比如以何种频率、方式沟通后续情况

如果是周期比较长的项目或者任务，这一条就尤为重要，这样能够定期了解进展，避免问题偏航，降低风险。另外定期沟通，而不是时时过问，可以防止下属觉得老板插手过多做事情不自由，事先约定就会减少这种感受。

3. 基于数据和行为提供反馈

我们给人反馈，要基于具体的行为、案例，也可以谈一谈期望的具体行为，或者是哪位同事哪个行为做得好，这样更容易被对方记住和理解。为什么要基于别人的行为给反馈，而不是仅仅给个概括的评价呢？反过来，如果我们给别人的建议只是比较笼统的，会有什么样的问题？我曾有过一次亲

身经历，在推进某个项目之前，上司交待我要多主动管理。此外，她还具体指出某件事期望我采取什么方式去做，这让我立刻就抓住了重点。前面所说的“多主动管理”是一个概念，而后面某件事情的反馈，是基于数据和行为的。

这些授权委派工作时候的要点，看上去很简单，但实际上都做到并不容易，需要带着觉知刻意练习。

怎样打造一个实力强劲的团队

有个朋友和我分享了一件事，他的团队有段时间有几个重要员工离职，其他的员工虽然没走，但情绪也受到了影响，感到有些失落。人是群体动物，受到这样的影响也是意料之中的，他问我是否有什么理论能够解释这种现象。

我问他是否了解团队发展阶段模型（图 6-1），这个模型是心理学教授布鲁斯·塔克曼 (Bruce Tuckman) 在 1965 年提出的，介绍了团队形成和发展的四个阶段，在 1977 年又补充了第五个阶段“休整期”。在休整期，团队可能是因为任务完成而正常解散，也有可能是面临新的调整或者组建新的团队。如果是后者，不确定性开始回升，团队成员动机水平也会有所下降，也有学者将这个阶段描述为“哀痛期”，很多人在这个阶段都会出现低落情绪。

朋友他们公司在之前一段时间调整了业务，虽然团队没有受到太多影响，但未来的不确定性回升，难免会对人产生一些影响。

布鲁斯·塔克曼的团队发展模型，可以用来辨识团队构建与发展的阶段，了解了每个阶段的特点之后，管理者可以用它来觉察团队的所处阶段，及时做出反应和调整。五个阶段的特点如下：

· 组建期：团队组建阶段，彼此之间互相了解。大家刚开始合作，还在摸索工作方式和试探边界，这段时间的效能还不错。

· 激荡期：各种观念形成、碰撞冲突和摩擦也会随之而来，这个阶段效能有所下降。

· 规范期：规则、方法、边界基本建立，彼此之间找到了合作的方式，团队效能提高。

· 执行期：经过磨合调整，团队角色职责清晰也灵活，形成更强的团队凝聚力，能够自治。

· 休整期：任务完成，团队解散，或者团队调整，进入新一轮团队发展循环。

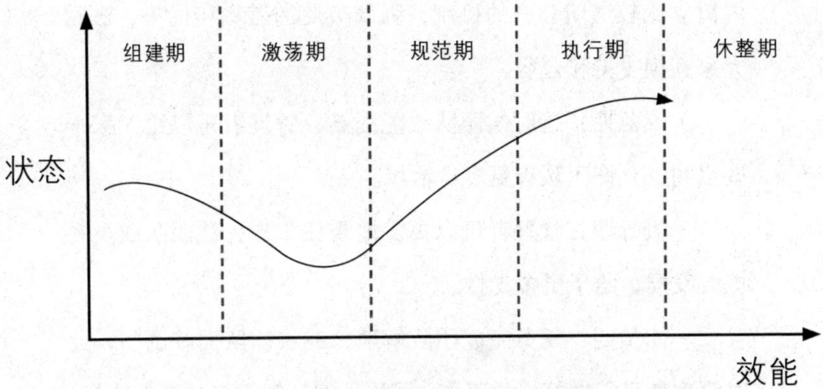

图 6-1 布鲁斯·塔克曼的团队发展阶段模型

需要说明的是，在实际情况中，这五个阶段未必是线性的，有可能是循环的，并且不是每个团队都能够完成这五个阶段，走向高效。有些团队可能一直处在中间阶段，或者有的没有挺过激荡期就解散了。基于这些特点，管理者可以做一些引导和调整，帮助团队达到最高效能。

·组建期：管理者直接管理、直接指挥告知，带领团队建立起良好的相互关系，与团队成员分享团队目标，关注当前的任务，与其他团队和部门建立联系。

·激荡期：冲突矛盾增加，可能的原因是方向不明确或者任务分配不合理，以及工作任务有失败和挫折。这时候管理者采用教练式的方式，多倾听，传达清晰的方案，在团队内树立比较透明公开的机制，强调彼此的差异和优势，鼓励大家互相支持和包容。

·规范期：这时候团队效能提高，管理者可以给大家一些空间，允许团队有更多自治权。

·执行期：管理者可以更多地委任工作，让团队成员有更大发展，给予更多支持。

·休整期：任务完成团队解散，或者团队面临调整，此时管理者可以做好引导工作，帮助员工理解组织的调整决定。

当然这个模型也有一些局限之处，比如比较依赖主观判断、没有时间框架指导，不过整体来说还是比缺乏工具凭新管理者自己摸索要强。

除了参考这个模型，管理者还要注意的一点是团队内部要平衡好任务和成员关系。过多地关注任务，团队之间的摩擦可能会比较大，团队氛围较差，可能导致的问题是，团队成员之间竞争大于合作，难以建立彼此信任的关系；大家相处融洽，但可能会因为怕影响关系，而无法做出最佳的决策。工作如何被完成是管理者应该关注的重点，但要平衡好关系。对于团队内部的竞争，可以提示大家，只和自己团队的人竞争意义有限，更重要的是和市场上同样位置的人比，所以团队之间互相支持彼此的工作，达成更好的业绩，这样大家都能增强自己在市场上的竞争力。

一个能够不断自我迭代、发展的团队，凝聚力和竞争力都会变强。

管理者最重要的事——如何做好绩效管理

管理者的工作产出，无非就是两样：一是带领团队、培养发展人才，另一个则是带领团队交付工作。

前文提到，管理者的三个转变，工作内容上会经历从任务管理到流程管理的转变，既然需要借助团队的力量开展和完成工作，那么应该怎样做好工作执行中的流程管理，把控工作质量，提高团队绩效呢？我觉得可以着重把握以下三个方面。

第一个方面，设定目标，做好顶层设计和指标分解，把相应任务划分到人。

比如项目管理，一年要交付几个项目，优先级和目标分别是什么，衡量的指标和参考数据是什么，每一个项目的排期和耗时如何，有哪些项目过程中的基础设施（如通用类的经验、数据库）可以为其他项目所用。要达成现在的目标，几大支撑因素是什么，这些需要多少资源投入，如果资源不够，哪些部分可以取舍。

又或者生意管理中，一年52周，每一个季度的指标是什么样的，每一个月、每一周，指标是怎么样的。就是要一层一层分解下去，才能有实时的比照，不然等发现问题，就来不及调整了。

如果工作时做过这方面的事情，可能会大致了解，如果没做过，就需要找团队的人了解他们平时是怎么工作的，细节是什么，让他们做给你看一遍，你了解这些细节。以及看过去的一些数据参考，比如52周的销售量，是什么样的一条曲线？有哪些特点？哪些时间高、哪些时间低，分别是为什么？指标分解很重要的部分就是要收集信息，收集信息的方式可以通过访谈加数据结合，最后得出结论。

第二个方面，设立流程，把控关键时间节点，设定汇报频率，定期回顾。

不要把所有事情都堆在你这里，然后单独一项项任务进行分发,要帮助大家建立好流程,使用戴明环工具,做好计划、执行、检查、处理，设定汇报频率了解进度，定期介入检查工作。如果多个项目分配给团队不同的人，通过定期会议了解每一个项目的进展。

第三个方面，对不同绩效的员工分配不同的精力管理。

如果我们用一张图（图6-2）来表示团队不同员工绩效的分布，理论上大家是正态分布的，绩效好的人数较少，中间绩效的人数最多，实线曲线是绩效略为落后的。要想达到整个团队绩效提升的效果，就要把实线曲线往右边赶，得到右边的那条虚线曲线：有更多的人靠近更好的绩效，绩效不好的人也能往右移动一些提高绩效。

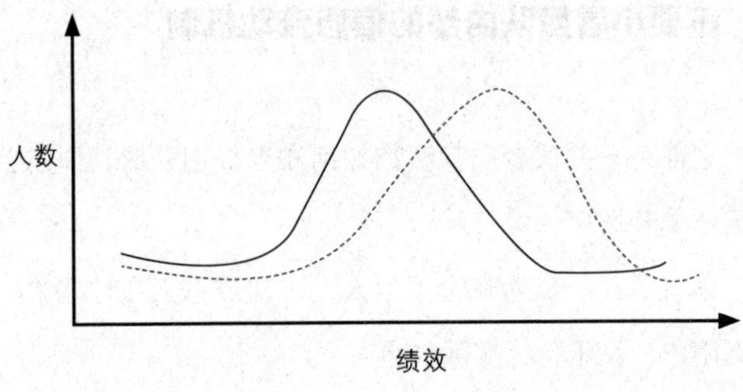

图 6-2　员工绩效分布图

要做到这样，就要针对不同绩效的员工，采取不同的绩效管理方法：对绩效好的那些人来说，成就感对他们而言非常重要，所以你要带领他们不断夺取高峰，做有挑战、有收获的事情。他们通常内驱力很强，所以可能不用花太多时间，只需要关键时候点拨。中间的那部分，因为人很多，花的时间也就更多一些，因为他们要保证工作质量，这是团队的一些工作基础。偏后的那部分员工，也要多关注一下，帮忙找出问题，是能力不行还是工作态度不够，帮助他们往右靠近。

这三个方面，其实都是抓住工作重点和方向，而不是完全靠堆时间和人。管理者要把控整体方向，又要深入到细节里。只关注表面或者只关注细节都难以做出合理的决策。

不要小看团队内部的信息流动机制

之前有一些读者向我咨询如何和老板相处时，偶尔会出现这样的开场白：

读者 A：一天到晚看不到人，不知道每天在忙些啥，感觉挺闲的，没干什么实际的事。

读者 B：我老板一天到晚都在开各种会，活儿都分给我们干，也不帮我们分担点儿，我手上这么多活忙不过来不知道嘛！

我也曾有过类似的疑惑，但等自己开始带团队，独立负责某一大块业务的时候，才对之前的老板佩服得五体投地：原来要开的会有那么多，原来有那么多会后要跟进的事，原来要读要写的文档那么厚，原来和其他团队沟通协作中间来回有这么多要万分谨慎的地方，原来要承担的压力那么大……

这不是为你的领导开脱，而是想提醒管理者，别小看了团队内部的信息流动机制。好的信息流动机制，不仅能够提高团队工作效率，增加团队之间的信任程度，还能让团队成员思考问题更具备全局性，提高团队工作能力。

为什么大家常会对领导产生前文提到的这种误解？是因为对方做的许多事情不需要向你汇报让你看到，所以在你面前缺乏曝光度。还有一个原因是他们做的事情有时候不是具体的某一件事情，而是背后的一些准备和辅助性的工作，所以你也没有直接的感受。但这些事情是能够让团队运作起来、各部门之间合作顺畅不可或缺的。

作为管理者，如果让自己的下属产生这种误解，说明在团队信息分享方面，还有待提升。这就要说到“乔哈里视窗”这个概念了。它是一种关于沟通的技巧和理论，将人际沟通的信息比作一个窗子，根据“自己知道 / 不知”“他人知道 / 不知”，分为四个区：公开区、盲区、隐藏区、未知区（图 6-3）。

	自己知道	自己不知道
他人知道	公开	盲点
他人不知道	隐藏	未知

图 6-3 乔哈里视窗

· 公开区就是大家都知道的信息。

· 盲区就是你自己不知道，别人知道的信息，比如你自己的缺点，大家知道了不说。

· 隐藏区就是自己知道他人不知道的信息，比如秘密。

· 未知是你自己可能也没意识到的事情，比如自己尚未发现的潜能。

这几个区域不是固定的，每个人的每块区域大小各有不同。不同视窗比较大的管理者可能会有不同方面的问题：

· 公开区大的管理者，整体来说是比较好的，团队内充分沟通，但有时候不该多分享的信息不能全部分享。

· 盲区大的管理者，很可能团队的人都知道他的问题却不敢告诉他，因为即使提出意见，对方也会固执己见，不会采纳。

· 隐藏区大的管理者，沟通不足，遮遮掩掩，让团队觉得不被信任。

· 未知区大的管理者，可能会在应对外在变化上受到挑战。

本节开头所说的情况，属于隐藏区大的管理者。自己忙忙碌碌，每天开会、沟通协调、做方案计划，也许自己非常清楚，但没有给团队足够多的分享，团队做事情时不知道全盘信息，做事就会比较被动。

因此，我建议这样的管理者在固定的例会上，不仅要听取团队成员的工作汇报，也要多主动分享手上正在开展的工作（特殊情况如保密项目除外），哪怕只是自己在做不需要交给他人做的事情。这样大家也会增进对彼此工作的理解，更好地支持配合工作。

此外，也可以带着团队成员学习一些可能更资深的同事才接触到的内容，比如更全局的、其他模块的一些事情和信息，帮助大家提升全局观念，提高工作能力。适当打破信息的层级，让信息在团队内部更好地流通起来，长此以往，整个团队都将因此受益。

图书在版编目（CIP）数据

职场的51个基本 / 林宣著. -- 南京 : 江苏凤凰文艺出版社, 2022.10
ISBN 978-7-5594-6456-9

Ⅰ. ①职… Ⅱ. ①林… Ⅲ. ①成功心理 - 通俗读物 Ⅳ. ①B848.4-49

中国版本图书馆CIP数据核字(2021)第269443号

职场的 51 个基本

林宣 著

责任编辑 周颖若
策划编辑 薛纪雨
出版发行 江苏凤凰文艺出版社
南京市中央路 165 号，邮编：210009
网　　址 http://www.jswenyi.com
印　　刷 三河市宏图印务有限公司
开　　本 880 毫米 ×1230 毫米 1/32
印　　张 6.5
字　　数 118 千字
版　　次 2022 年 10 月第 1 版
印　　次 2022 年 10 月第 1 次印刷
书　　号 ISBN 978-7-5594-6456-9
定　　价 49.80 元